世界科普巨匠经典译丛·第一辑

INTERESTING MECHANICS

趣味

力学

（苏）别莱利曼／著　姚焕春／译

U0395664

上海科学普及出版社

图书在版编目（CIP）数据

趣味力学 / (苏) 别莱利曼著；姚焕春译. —上海：上海科学普及出版社，2013.10（2022.6 重印）

（世界科普巨匠经典译丛·第一辑）

ISBN 978-7-5427-5828-6

Ⅰ.①趣… Ⅱ.①别… ②姚… Ⅲ.①力学—普及读物 Ⅳ.① 03-49

中国版本图书馆 CIP 数据核字 (2013) 第 173933 号

责任编辑：李　蕾

世界科普巨匠经典译丛·第一辑

趣味力学

（苏）别莱利曼 著　姚焕春 译

上海科学普及出版社出版发行

（上海中山北路 832 号 邮编 200070）

http://www.pspsh.com

各地新华书店经销　三河市华晨印务有限公司印刷

开本 787×1092 1/12　印张 14.5　字数 176 000

2013 年 10 月第 1 版　2022 年 6 月第 3 次印刷

ISBN 978-7-5427-5828-6　定价：32.80 元

目录 CONTENTS

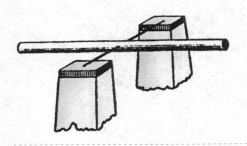

第1章

力学的基本定律

1.1 两只鸡蛋

你双手中分别拿了一只鸡蛋，假设两只鸡蛋有着相同的硬度，用其中的一只去撞击另一只（图1-1），而且相撞的是两只鸡蛋的同一部位。请问被撞破的鸡蛋是哪一只呢？

美国的《科学和发明》杂志在几年前提出了这个问题。杂志上给出了确定答复：依据实验，"运动着的鸡蛋"被撞坏的几率比较大，也就是说，是用来撞击的那只鸡蛋。

有关这种说法，该杂志解释为：鸡蛋的外壳不是平面的，两只鸡蛋相互撞击时，那只被撞击的鸡蛋所受到的作用力，是施加在鸡蛋壳的表面的；所有人都明白，所有的外表像鸡蛋壳一样的拱形的物体，承受外界压力的能力是很强的。可是，去撞击的鸡蛋所受到的力，就会产生完全不同的情况。在这个实验中，去撞击的鸡蛋内部的蛋黄和蛋白，在相互撞击的一瞬间，是要产生对外壳的压力的。这种压力对拱形物体的破坏力，要比外来的压力对物体的破坏力强烈得多，所以鸡蛋壳就会被撞破了。

当列宁格勒一种销量非常大的报纸上登载了这个题目之后，五花八门、千奇百怪的答案四面飞来。

图1-1 撞破的会是哪一只

有些人认为去撞击的那只鸡蛋一定被撞破；另外有些人认为这只鸡蛋不会被撞破。两方给出的理由好像都没有错误，但两种回答都不正确！两只相互撞击的鸡蛋哪一只会被撞破，是根本不可能用推断来证明的，因为无论是去撞击的鸡蛋还是被撞击的鸡蛋，它们之间是没有什么区别的。我们不可以突出去撞击的鸡蛋是运动的，而另外的一只是静止。我们说它静止——是相对什么参照物来说呢？如果说参照物是地球，那么，我们应当明白，我们的地球自身在诸多的行星间并不是静止的，而是一直以多种不同的运动形式运动着的呀！被撞击的鸡蛋同去撞击的鸡蛋两者也都做着同样的多种运动。假如印证两只鸡蛋的命运只是依据动和静，就只有在所有的天文学著作里，找到相互撞击的两只鸡蛋中的每一只，和固定不动的星球相对运动的根据。但是，即便这样，还是行不通，因为所有我们看到的星球没有静止的，由它们组成的整体——银河星系，相对于其他星系也是运动的。

瞧，蛋壳撞击的讨论竟把我们的话题扯到了广袤无边的星系空间去了，可是这并没有接近我们所要的答案。事实上，应当是接近的，如果说通过这次星空旅行，我们有所收获，这收获便是一个重要的真理被呈现在我们面前：我们只说一个物体在运动，而没有指出是相对于哪一个物体而言的话，那就等于没有说。就一个单独的物体来说，是没办法讲运动的。只要是讲运动，就必须要有两个或以上的物体——彼此接近或是彼此远离。以上两个相互撞击的鸡蛋，都是运动着的，它们是在彼此接近——就运动来说，我们只能这样说。要说撞击的结果，不能因为我们自己的喜好说一只是静止的，一只是运动的而有所差异。

匀速运动和静止的相对性，伽利略在300多年前第一个提了出来。读者应当区分这是"经典力学的相对论"而不是"爱因斯坦的相对论"。我们在20世纪初提出的"爱因斯坦相对论"是对"经典力学相对论"的进一步发展。

1.2 骑士的神奇之旅

　　由上一节内容可知，当一个物体相对它周围的景物作匀速直线运动时，完全可以说，这个物体是静止的，而它周围的景物正以相反的方向做匀速直线运动。"一个匀速运动的物体"和"物体静止，四周景物作反方向匀速运动"这两种说法其实是一致的。直到现在，在所有学过力学和物理学的人们中仍有一部分人还是这样认为。但是这两种说法其实不严密，不恰当，"物体和四周的一切都是在互为参照物并相对运动着"，这才是比较正确的说法。其实塞万提斯早在几百年前就已经认识到了这一点，他虽然没有读过伽利略的著作，但是这个认识的确出现在了《堂·吉诃德》这部作品里。关于这一点，《堂·吉诃德》里面有一段生动的描写，来看一下人们对光荣的骑士和他的侍从骑木马旅行的相关描写：

　　"在马背上坐好，蒙上自己的眼睛，不然你会在高空中感到头晕的，然后转动马脖子上的机关，木马就会飞翔着送你们到玛朗布鲁诺去。"

　　堂·吉诃德和侍从蒙了自己的眼睛，然后转动了木马开关。

　　骑士真的相信了，一旁的人们没有说谎，他此刻飞翔在高空，速度比离弦的箭还要快。

　　堂·吉诃德对侍从赞叹道："我发誓，这是我这辈子做过的最平稳的坐骑了，好似一切都在动，还有风。"

　　侍从桑丘回答说："对极了，我这边好像有一千只风箱正在对着我吹，好大的风呀！"

　　这风其实就是几只大风箱吹出来的，这是不容争辩的事实。

　　今天，人们设计的各种供人们玩耍的诸如此类的游戏，包括摆放在展览会

和公园里的，其原型就是《堂·吉诃德》里描述的木马。其实木马和当今所有类似的游戏的制作原理是一样的，那就是静止和匀速运动两者在机械运动上的对立统一性。

1.3 基础力学

对于静止和运动，很多人通常把它们像天和地，水和火一样对立起来看。可人们丝毫不关心火车是静止还是飞速行驶着的，仍放心地在上面过夜。他们认为飞速行驶的火车不可以看作是静止的，而车下的轨道，大地和四周的一切事物也不可以看作是反方向运动着，他们认为这种理论是不成立的。

爱因斯坦在提及这个问题的时候曾问过一个司机："凭借你们的常识能不能接受这样的说法？"司机的回答是："我们不同意这样的说法，我们工作平台是机车，而不是四周的一切，所以我们认为应当是机车在运动，而不是四周的环境。"

乍一想，这个回答是非常具有说服力的，似乎是可以肯定的。可是，假如有这样一条铁轨，它是顺着赤道修建的，火车在上面向地球旋转的反方向——西方飞速行驶着。火车的行驶只是为了不被地球自转带向东方，它和周围环境其实是一样的，都在向东运动着，不过是比环境运动得慢而已。假设司机要脱离地球的自转运动，他就要驾驶机车达到每小时 2 000 千米的速度。

现实中根本没有这样的机车，除非他驾驶喷气式飞机。

当火车在铁轨上行驶的时候，是没有办法确定它和四周的环境到底谁是运动的。在物质世界的任何一个瞬间，都不可能解决匀速运动和静止的问题，因为人们只能研究两个物体之间的相对运动，毕竟作为观察者的本人也和观察对象一样做着匀速运动，这不会影响他们的研究结果。

1.4 枪手的决斗

让我们假设一种大家很难运用相对论来解决的问题：有两个枪手在一艘行驶的船上相互射击。（图1-2）让我们考虑：他们是否具有相同的地理条件，背向船头的枪手是否存在地理劣势，他的子弹是不是要比对方走的慢？

以海面做参照，站在船头射出的子弹要比站在船尾向船行驶的方向射出的子弹慢很多。但这并不影响两个枪手的地理条件，因为射向船尾的子弹减慢的速度和目标跟随船只行驶的速度正好相等，两者相互抵消；而同样的道理，射向船头的子弹增加的速度和目标行驶的速度也相等，可以相互抵消。

两发子弹命中目标的结果和船的行驶与静止没有关系。当然，这只是我们假想这条船是在一条直线上做着匀速运动的结果，其他的情况就不一定了。

图1-2 哪一颗的子弹飞得快

让我们引用伽利略书中的一段话，这是他在最初谈经典相对论时写的，虽然伽利略曾因为这本书而被宗教裁判所推上火堆差点烧死。

"设想在一条匀速行驶的大船上，甲板下面关着你和你的朋友，你们是无法知道船在行驶着还是停止着的。无论船是行驶还是停止的，你们在那里跳出的距离应当是一致的。虽然你向船尾跳的时候，船仍在向你跳起的反方向高速行驶，但是你们跳出的距离和船的行驶无关。无论你是站在船头还是船尾，你抛东西给你的朋友，所用的力气是一样大的……船上飞行着的苍蝇也不会因为船的行驶而都聚集在船尾"等等。

"一个体系无论是静止不动的，还是在和地面做着同样的匀速运动，在它里面所进行的运动特征都是一样的。"用此来讲解经典相对论就非常容易理解了。

1.5 风洞的故事

根据经典相对论的原理，在实际工作中，人们经常把运动和静止相互替代，以提高工作的效率。例如为了研究空气阻力对行驶着的飞机和汽车的作用，我们经常用风洞（图1-3）来研究流动的空气对静止的飞机或汽车的作用。风洞

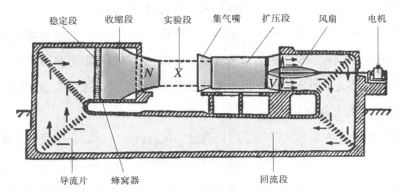

稳定段　　收缩段　　实验段　　集气嘴　　扩压段　　风扇　　电机

导流片　　蜂窝器　　　　　　　　回流段

图1-3 这是风洞的立剖面，有 X 号的工作室是用来挂飞机模型的。由风扇 V 煽动的空气会沿着箭头所指的方向运动，经过狭颈 N，最后吹入管子

是一个很大的管子，它里面可以产生很大的气流，人们就是通过这股气流对里面悬挂的静止飞机或是汽车的作用来进行研究的。这种现象和实际中空气不动，飞机和汽车高速行驶的情况正好相反，但是得出的结论却是相同的，很有实践意义。

现在有些风洞的大小已经可以放置实际尺寸大小的飞机和汽车模型了，风洞里的气流速度也早已达到了音速。

1.6 煤水车的原理

现在的铁路上也有运用经典相对论取得很大成效的例子，那就是飞速行驶的煤水车——旧时蒸汽机车后挂的装煤和水的车厢，在行驶过程中加水，这是个对机械现象反面巧妙利用的好办法。铁路工程师们的根据是：把一根下端弯曲的管子，垂直放入流动的水中，它的开口对准水流来的方向，这样水就会自动流进这个人们常说的毕托管里，管子里的水平面比外面的水面高度 H 要高出一部分，H 的大小取决于水流的大小。他们把这一现象调转了一下，将弯曲的管子放在静止的水里快速地移动，于是管子里的水就会上升到比外面的水平面高的位置。这也是一个运动和静止相互替代的典型例子。

假如经过一些车站，火车不能停下来但是又需要加水，这就需要在这种车站的轨道中间设计一个很长的水槽（图1-4）。把一根下端弯曲的管子开口向着火车前进的方向伸向下面。下面水槽里的水就会主动流进飞速行驶的煤水车里（图1-4右上部分）。

力学里有门叫做水力学的学科，通过它我们就可以知道毕托管里的水究竟可以上升到多高。这是一个专业探究液体运动的学科，该定律是这样说的：毕托管里水的上升高度和物体被水流速度垂直推上去的高度是一致的；假设忽略能量在摩擦和涡流等方面的消耗，则可得高度 H 的计算公式：

火车的行驶方向

图1-4 任何给急速行驶的火车加水，把一个水槽铺设在两条铁轨的中间，然后在煤水车的下面伸出一根管子浸入水槽里。图的左上角是毕托管，在流动的水里放这样一根管子，它里面的水平面会比水槽里的水平面高。图的右上角是给水车加水用的毕托管

$$H = \frac{V^2}{2g}$$

其中 V 代表水流的速度，g 代表重力加速度，为 9.8m/s^2。在这个情况下，我们可以认为水管的速度和火车的速度是一致的；以一个很小的速度 36km/h 计算可得 $V=10\text{m/s}$，所以 H 为：

$$H = \frac{V^2}{2 \times 9.8} = \frac{100}{2 \times 9.8} \approx 5\text{m}$$

由此可以得出一个非常明显的结论，无论我们忽略的能量消耗怎样大，煤水车还是有足够的条件被加满水的。

1.7 惯性定律的解释

当我们对运动的相对性进行了细致的讨论后，还应当对"力"——产生运动的根源有所了解。我们首先要了解的是力的独立作用定律，定义是：无论物体是静止还是受惯性作用或者在其他力的作用下运动，力对其所起的作用是一样的，不会受到任何影响。

这也是牛顿第二定律的推论，加上第一定律惯性定律和第三定律作用力和反作用力等值定律，这三个牛顿定律构成了我们经典力学的基础。

有关牛顿的第二定律我们以后重点讨论，这里只讲一下它的定义。第二定律是讲物体的加速度和作用力之间是成正比，跟物体的质量成反比，加速度的方向就是作用力的方向。公式为：

$$F = m \cdot a$$

公式中的 F 表示物体所受到的作用力；m 表示物体自身的质量；a 表示加速度。其中当属质量 m 最难让人弄明白了，很多人总是把它和物体的重量混为一谈，可实际的情况是这两者根本就是两回事。由上面的公式可以看得出，当在同一个力的作用下，不同物体间的质量大小可以通过加速度来进行比较（加速度越大，那么这个物体的质量就越小）。

下面我们重点讲惯性定律，它虽然有悖于人们的日常看法，但却是牛顿三定律中最简单的一个。但是许多人还是不能完全理解这个定律，总有一些人对它持有错误的理解。例如：把惯性理解为当受到外来原因破坏它自身的状态时，物体保持自身原有状态不变的性质。他们把惯性定律理解为原因定律，即没有起因事物的原有状态就不会变。这种理解是不正确的。惯性定律只是对应物体静止和运动两种状态，对其他状态并不适用。惯性定律的含义是：

除非受到外力的作用，否则一切物体都会保持它的静止状态或者匀速直线

运动状态不变。

换句话说，当一个物体在运动的时候，假如想要改变自己的运动方向；或想要使自己的运动停止，或是改变运动速度的时候。——我们只有用一个力作用于它才能行。

可是假如没有任何外力作用于物体，即使物体运动得飞快，也不会发生上面的变化。这是必须牢记的一点，假如没有任何外力的作用，或者作用于物体本身的几个力相互抵消了，那么物体会一直保持匀速直线运动。这是现代力学和中世纪（也就是伽利略之前）思想家们在认识上的重大区别。科学思维和普通思维在这一点上的认识区别很大。

就上面的观点看来，相对静止的物体间产生的摩擦在力学上也称作"力"，尽管相互摩擦的物体是相对静止的，但恰恰是这摩擦力使它们处于相对静止的状态。

需要再一次说明的是，所有物体的静止状态只是相对静止，并不是它趋向于停留在这样的状态。这就好比经常不出家门和有点小事也要出去的两种人的区别。一个不受任何阻力的物体，只要受到极微弱的力的作用，也会改变自己的运动状态，所以说运动才是它们本身具有的性质。在忽略各种摩擦阻力的情况下，物体一旦进入运动状态，它就会永远保持这个状态，绝不会自己主动停下来回到静止状态，因此物体趋向于停留在静止状态的说法是不正确的。

另一种错误的说法是，当有力作用于物体时，物体本身有抵抗性质。例如在向茶水里加糖使其变甜时，杯中的茶水有抵抗作用。

人们对惯性的错误认识大多都是从 20 世纪 30 年代的（本书是 20 世纪 30 年代写的）物理和力学课本里的"趋向于"三字来的，这主要是由于课本里用词不严谨造成的。要正确理解牛顿的第三定律，就要克服这些困难，接下来让我们来学习这个定律。

1.8 牛顿第三定律

　　我们只有用力抓住门把手向自己拉过来，门才会被打开，此时我们手臂的两端间隙变小，中间的肌肉收缩，就会在门和我们之间产生把门和我们相互拉近的力的作用。这个作用在门上和我们自己身体上的力其实是两个力，它们量相等，但方向却相反。假如我们不是拉门，而是换作是推门，同样有两个力把我们的身体和门同时推开，这和上面的情况没有分别。

　　其实无论是什么样的力，包括肌肉的力量，以及其他各种各样的力，都是一样的，它都不会单独地存在，而是成双成对的出现的。例如：一个作用力，它作用在我们所说的受力物体上；那么肯定有另一个大小相等的反作用力作用在施力物体上。力学中将这句话概括为"作用力和反作用力是相等的"，这句话太简洁了，以至于人们理解起来都有了困难。

　　这个定律的含义是：力每一次都是成双出现的，每当有力作用于一个地方的时候，其他地方一定还有另外一个和它相等但是方向相反的力存在。这两个地方同时分别受到这两个力之一的作用，要么相互接近，要么相互离开。

　　（图1–5）这会儿有三个力同时作用在儿童气球下面的坠子上，它们分别是 P——气球的牵引力、Q——绳子的拉力和 R——坠子的自身重力。让我们来研究一下它们三个，想象中感觉它们三个力似乎都是单一的。但事实是：它们每一个力都有一个和相等但方向相反的力存在。详细地说，在气球的线上，

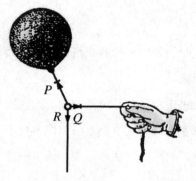

图1–5 三个力 P、Q、R 分别作用在儿童玩的气球上，找出反作用力的所在位置

存在着一个和 P 相等但是方向相反的力，它通过气球线作用在气球上；（图1-6中 P_1）；绳子的作用力的位置作用在手上，也有一个和 Q 相等但方向相反的力（图1-6中 Q_1）；作用于地球，同时有一个和 R 相等但方向相反的力（图1-6中 R_1）；地球的引力虽然作用于坠子，但是地球同时也受到坠子对它的吸引力作用。

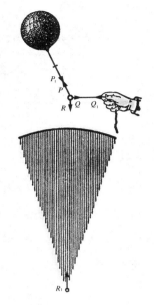

另外值得一提的是，假如有两个一千克的力同时分别作用在一根绳子的两端，这个时候让我们回答绳子的张力是多大，这其实和十分钱的邮票价值是多少是一回事。提问本身就包含了问题的答案——绳子的张力是一千克。"两个一千克的力分别作用在绳子的两端"和"一千克的张力作用在绳子身上"两种说法是一致的。

图1-6 上图问题的解答：反作用力 P_1、Q_1 和 R_1

因为只存在一个张力，它是由两个作用方向相反的力构成，再没有别的一千克力存在了。我们经常会由于没有记住这一点，而导致不细心的错误。我们继续看下面一节的例子。

1.9 两匹马的拉力

有这样一道题目：说有一个弹簧秤，同时受到两匹马各100千克力的拉动，问这个秤的读数应当是多少？（图1-7）

很多人给出的答案是：两个100千克力之和为200千克力，这是不对的。根据上面所讲的内容，两匹马之间的张力应当是100千克力，而不是它们两个

图 1-7 两匹马的拉力都是 100 千克，读出弹簧秤的读数

100 千克力的和——200 千克力。

由此可以得出，用 16 匹马平分成两组，向两个相反的方向分别拉动马德堡半球的两边，我们就说两个半球受到的拉力是 16 匹马的拉力是不对的。如果去掉一边的 8 匹马，另一端的 8 匹马的拉力对半球不会起到什么作用。事实上去掉的 8 匹马用一堵特别坚实的墙壁替代也是一样的。

1.10 两条游艇的拉力

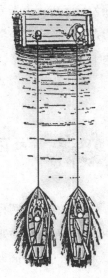

相同的两条游艇正在湖里同时向岸边移动，(图1-8) 它们分别有一条绳子通向岸边，两个划手分别在两条游艇上拉拢这条绳子，所不同的是，两条绳子的另一端，其中一根是系在岸边的柱子上；另一根由岸边的水手用力拉着不动。

其中三个人用的力量是相同的。

请问最先停靠到岸边的是哪一只游艇？

有两个人拉的游艇会先靠岸，这会是我们的第一印象，因为它的速度是有两个力产生的，相对要大。

可是，有两倍的力量作用在游艇上的说法是否正确呢？

图 1-8 先靠岸的是哪一条游艇

因为游艇上的划手和岸边的水手都用了同样的力拉绳子，所以绳子的张力大小只是他们之中一个人的力量大小，也就是说，这个张力和另外一条游艇上的绳子张力是相等的。也就是说，两条游艇所受到的作用力相同，所以它们靠岸的时间是一样的①。

1.11 内力解答

作用力和反作用力都是作用在同一物体的不同位置的情况，在现实生活中也是经常发生的事情，我们称其为"内力"作用。例如肌肉的张力和机车气缸的蒸汽压力都属于这种情况。它们共同的相似之处是，虽然这种内力不能使物体的整体有一个共同的运动，但是它可以在这个整体的限制下改变其所属部分位置。这就好比步枪射击时火药产生的气体作用力，它一方面作用于子弹让其向前飞行，另一方面又作用于步枪使其向后坐，火药气体的内力作用不可能使子弹和步枪都向着同一个方向运动。

但是人的行走和机车的行驶我们又该如何解释呢？不是说内力不可以使物体整体向同一方向运动吗？难道它们不都是在摩擦力的作用下，整体向前方运动着吗？我们知道在人的行走和机车行驶两种情况中，摩擦力作用是肯定存在的。有句俗话说得好"像牛在冰上一样"，正常的走路在滑滑的冰面上是行不

---

① 以前出现过一位读者对这样的解法不同意，也可能还有别的读者在读到本书时会和他有一样的看法。他的说法是：人不断收起手里的绳子使游艇靠向岸边，那两个人同时收绳子总要比一个人快，所以右边的游艇会首先靠岸。

乍一看，这个论断是非常正确的，但事实却相反。游艇要想更快靠向岸边，速度就必须要大，两人所拉的绳子就要有更大的张力，否则他们收的绳子和一个人收的是一致的。可是前提已经确定好了，三个人所用的力量是一样的。因此即便是两个人在努力，他们和一个人拉绳子所产生的张力是相同的，收绳子的速度也会是一样的。

通的，机车行驶也不例外，如果是在结了冰的钢轨上行驶，滑滑的钢轨上，机车轮子不停地转，也只能是在原地打转而已，根本无法前进。既然都是摩擦力推动人向前行走和机车向前行驶，那么我们为什么在之前还要说摩擦力对已有的运动有阻碍作用呢？

谜团的答案并不复杂。两个内力共同作用只能是整体的各个部分向不同的方向运动，它们无法推动整个物体的行驶。除非出现了另外一个力，这第三个力如果可以抵消或是削减了两个内力中的一个，那就会有不同的情况发生。到时候另外一个内力就必然会推动物体作前进或者后退的运动。起到抵消和削减作用的这第三个力就是摩擦力，因此物体可以在另一个内力的作用下向前行驶。

假如你现在站在很滑的冰面上，想要使自己走动起来。首先用力迈出自己的右脚，这个时候会有很多的内力同时在你的身体里开始作用，它们都遵循作用和反作用力等值的定律。它们共同作用的结果是最终有两个力作用在两只脚上，（推动右脚向前的力 F_1 和使左脚向后的力 F_2，它和 F_1 大小相等，但是方向却相反）使你的两只脚前后分开，但是你的身体（准确地说是身体的重心）没有因此移动。假如此时在你的左脚脚底撒上一层沙子，使其下面变得不再光滑，情况就会发生变化。这个时候在左脚底部产生的摩擦力 F_3 就会抵消和削减了原有的力 F_2，右脚就会在 F_1 的作用下向前移动，身体因此而前行。（图1-9）我们走路的实际情况是，抬脚向前迈的同时，这只脚和地面之间的摩擦力就削减掉了，另外着地的一只脚就会被它和地面的摩擦力阻止向后滑。

机车的运动，我们可以对相对复杂的情况进行归纳，两个内力中的一个要被车轮的摩擦力所抵消掉，另外一个则推动机车前进。

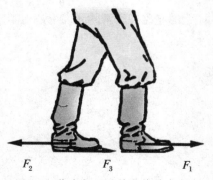

F_2 F_3 F_1

图1-9 使我们可以前进的是力 F_3

1.12 铅笔的奇怪滑动

把两只手的食指水平伸直，在上面放上一支长铅笔。始终保持着铅笔的水平，（图1-10）然后两只手指相互靠近。铅笔会首先在一个手指上滑动，接下来在另外一个手指上滑动，如此轮流滑动的现象就会呈现在你的面前。如果铅笔被一个长棒取代，也会出现多次轮流滑动。

我们如何来解释这一奇特的现象呢？

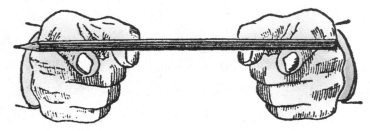

图1-10 铅笔会在两根相互靠近的手指上，交替移动

这个谜团的答案可以由两个定律来解释，其中的一个是库伦－阿蒙顿定律，它提到滑动时的摩擦力要比静止不动时的小。以及由此推论得出的，在滑动开始时的摩擦力 T，是摩擦系数 a（表示相互摩擦物体特征的值）和正压力 N（支点受到的物体的正压力）的乘积。公式表示为：

$$T=a \cdot N$$

铅笔的奇怪滑动，我们用这两个定律来解释。就是：两只手指开始所受到的来自铅笔的压力总是有区别的，其中的一只手指受到的压力肯定要比另一只手指的大，所以压力大的手指上的摩擦力也要比另外一只指上的大。库伦－阿蒙顿定律就体现了这一点。较大的摩擦力阻止了铅笔的滑动，铅笔就必然在另外一端开始滑动。随着两只手的相互接近和铅笔重心向滑动支点的转移，另外一个支点上的压力会逐渐的减小，直到两个支点上的压力相等。可是根据库

伦－阿蒙顿定律，滑动支点上的铅笔还会继续滑动一段时间，直到这上面的压力足够使滑动的铅笔停下来为止。这个时候滑动就会改变到另外一只手指上。如此就会出现两只手轮流作滑动点，依次交替重复不断的现象。

1.13 克服惯性

物体的"惯性"只有被"克服"了，才可以使它从静止改变为运动，这是我们经常听到或是看到的说法。一个独立的物体是不会抗拒任何一个使它运动的力的作用的，对于这一点我们是非常清楚的。可是，"克服"一词我们又该如何解释呢？

所有的物体必须经过一定的时间才可以达到一定的速度，这就是我们所说的"惯性被克服了"。无论是什么样的物体，即便是它的质量非常小，我们给它的作用力非常大，也不可能立刻达到所需的速度。我们下章谈到的一个简单的数学公式 $Ft=mv$ 就可以说明这个意思，读者也可以在物理课本上得到答案。假如时间 t 是零的时候，等式另一端的结果也会是零，物体的质量不可能是没有的，所以速度 v 一定是零，这是个简单明了的关系。也就是说，想要使物体取得一定的速度或者运动，就必须要给力 F 作用的时间。物体的质量越大，力 F 所需的时间越长。这就会给我们这样的感觉，物体对力 F 有抗拒的作用，因为它并没有在力 F 的作用下立刻运动，想要物体运动就必须首先克服它的惯性，这其实是一种错觉。

1.14 车辆的启动和维持匀速运行

很多人看了上面的内容之后都会提出和这位读者同样的问题来要求回答，"在铁路上启动一辆列车为什么要比维持它的匀速行驶困难得多？"

　　这句话说得不够清楚。应当是启动的力量如果不够大，列车要想启动根本不可能。在摩擦力较小的情况下，只要有 15 千克的力就可以维持一辆没有载重的列车在水平的铁轨上匀速行驶。但是相同的情况，想要使这辆静止的列车启动起来，没有 60 千克的力是不可能的。

　　为了使列车达到所需的行驶速度，我们是不需用这么大的力的，之所以在开始的瞬间几秒要额外的加力，是因为静止时的列车润滑条件不好。在列车轴承里的润滑油还没有分布均匀的时候，我们启动列车，它的移动自然是相当困难。随着轴承转过了第一圈，大大改善了润滑条件，就可以很容易地保持以后的运动的。

第 2 章

力和运动

2.1 常用公式列表

我们经常会在这本书里看到一些力学公式，我们在下面列出了一个表格，提供给那些忘记所学公式的读者们，好帮助他们牢记一些重点公式。按照乘法表的规则，两个栏头中两个量的乘积都写在了它们的交叉栏里。读者可在所学的力学课本里找到对这些公式的论证。

	速度 v	时间 t	质量 m	加速度 a	力 F
距离 S	——	——	——	$\dfrac{v^2}{2}$（匀加速运动）	功 $A=\dfrac{mv^2}{2}$
速度 v	$2aS$（匀加速运动）	距离 S（匀速运动）	冲量 Ft	——	功率 $W=\dfrac{A}{t}$
时间 t	距离 S（匀速运动）	——	——	速度 v（匀加速运动）	动量 mv
质量 m	冲量 Ft	——	——	力 F	

为了说明这个表的用法，我们来列举下面的几个例子：

拿公式 $S=vt$ 来看，交叉栏里的距离 S 对应着匀速运动的速度 v 和时间 t。

公式 $A=FS=\dfrac{mv^2}{2}$[①]，交叉栏中的功 A 对应力 F 和距离 S，它同时又等于速度 v 平方的二分之一和质量 m 的乘积。

除法所得的结果也可以通过乘法表找到，所以下面的这些关系我们也可以通过上面的表格获得：

公式 $a=\dfrac{v}{t}$，时间 t 除匀加速运动的速度 v 可得加速度 a。

---

① 只有作用力的方向和距离的方向相同的时候，公式 $A=FS$ 才会适用。其他的情况，则要用 $A=FS\cos\alpha$ 这个比较复杂的公式，其中的 α 代表了力和距离两者方向间的夹角。同理，只有物体的开始速度为 0 的时候公式 $A=\dfrac{mv_0^2}{2}$ 才适用，如果不是 0 而是速度从 v。增加到 v，那就要用公式 $A=\dfrac{mv^2}{2}-\dfrac{mv^2}{2}$ 来计算这样的速度变化所用的功。

公式 $a=\dfrac{F}{m}$ 和 $m=\dfrac{F}{a}$，力 F 除以质量 m 可得加速度 a；除以加速度 a 可得质量 m。

假如遇到加速度求解的力学计算题目，我们可以先把所有包含加速度的公式在上表中找出来，可以获得下面的公式：

$$aS=\frac{v^2}{2} \quad v=at \quad F=ma$$

由这些公式可推出：

$$t^2=\frac{2S}{a} \text{ 或是 } S=\frac{at^2}{2}$$

然后把符合解题的公式从中找出来。

利用这个表格还可以，列出所有和力的计算有关的公式以供选择：

$$FS=A \text{（功）}$$

$$Fv=W \text{（功率）}$$

$$Ft=mv \text{（动量）}$$

$$F=ma$$

重量 P 也是力的一种，所以由公式 $F=ma$，既可以推出 $P=mg$，此公式中的 g 表示该处地面的重力加速度。同理，由公式 $FS=A$ 也可以推出 $Ph=A$，这个公式用来计算把重量为 P 的物体提升至高 h 的时候做的功。

有关两个量的乘积如果没有任何的意义，那么它们的交叉栏里就是空的。

2.2 步枪的后座力

有关这个表格的应用，让我们列举步枪的后座力来加以说明。步枪的后座现象，是由于枪膛里面的火药气体产生的。火药在枪膛膨胀所产生的压力再把子弹推向前进的同时，也会产生反方向的推力。由这个反方向的推力产生的速度有多大？要得出这个答案就要用到作用和反作用相等的定律。由这个定律可得出，步枪受到的火药气体反作用力（图 2-1）和子弹所受到的火药气体推力

火药气体的压力

图 2-1 步枪在射击时会产生向后的作用力

大小相等，并且作用的时间应当一致。根据表格提供的关系可以得出公式：

$$Ft=mv$$

压力 F 与作用时间 t 的乘积和动量 mv（质量 m 与速度 v 的乘积）是相等的。这个关系就是物体由静止变为运动最初情况下的动量关系。

$$mv-mv_0=Ft$$

它是这个定律的一般表达式，在一定的时间里，物体的动量的变化和物体所受到的冲量是相等的，上述公式中的 v_0 代表开始时的速度，力 F 则是恒定不变的。

对于枪和子弹，它们的 Ft 是相同的，所以动量的大小也是一样的。由此可以得出：

$$mv=MV$$

其中 m 表示子弹的质量，v 表示子弹的速度，M 表示步枪的质量，V 表示步枪的速度。并有上面的公式推出：

$$\frac{V}{v} = \frac{m}{M}$$

我们军用步枪子弹的质量为 9.6 克，由它射出的子弹速度为 880 米／秒；而步枪的质量为 4 500 克。把这些数值带入上面的公式，既可以得出：

$$\frac{V}{880} = \frac{9.6}{4500}$$

即，步枪的后座速度 V 等于 1.9 米／秒。我们还可以算得，步枪的后坐速率为子弹的 $\frac{1}{470}$，但是两个物体的动量数值毕竟相同，这一点使我们不可轻视的。对于不会打枪的人来说，很有可能被这后坐力撞伤。

2000 千克重的速射野战炮，在把 6 千克重的炮弹以 600 米／秒的速度射出时，所产生的后坐力大约和步枪是一样的，速度是 1.9 米／秒。但是它的动量大约是步枪的 450 倍，老式的大炮和现在的不同，它发射的时候整个炮身都要向后退，但是现在的大炮，它的炮架被末端的插梢固定着不能后退，只有炮筒向后滑动。海军炮使用了一种特殊的装置，在它向后座以后还会自动的回到原来的位置。

物体的动量一样，但它的动能不一定相同，经过上面的例子，读者似乎也已经发现了这一点。这其实一点也不奇怪，有公式：

$$mv=MV$$

但不能得出：

$$\frac{mv^2}{2} = \frac{MV^2}{2}$$

只要用第一个公式除以第二个公式，就可以明白，只有 $v=V$ 的时候第二个公式才可以成立。由动量相等就说冲量相等而推出动能相等这样的结果，只有力学知识学不好的人才会认同。这样的事情还真就发生过：有些以等量的功就可以获得等量的冲量为错误指导的发明家，就想发明这样的一种机器——它们不须耗费能量就可以得到功使机器工作。力学基础知识对发明家有着非常重要的作用，这一说法再一次的被印证是对的。

2.3 日常感知和科学的差异

在力学的研究过程中，我们发现对于很多非常简单的事情，科学和人们的日常感知很不相同，这一点让人非常奇怪。例如，用一个恒定的力，作用在一个物体上，它会使物体产生何种运动？这个物体会做匀速运动，它会用不变的速度一直运动着，这是经验告诉我们的。另一方面，如果一个做匀速运动的物体，它上面一定有一个恒定不变的力作用着。这也可以通过大车和列车运动的例子来印证。

对此，力学中有着完全不同的观点。它告诉我们说，匀速运动并不需要由恒定不变的力作用。这样的力只能产生加速运动，它会在之前累加的速度上不断使速度加快。匀速运动是物体在不受任何力作用或受力平衡的时候产生的，一旦物体受到力的作用，匀速运动的状态就会发生改变。

这样严重的错误也会出现在我们的日常生活中吗？

这其实只是我们在非常有限的范围里发生的错误，不可以对日常观察完全给予否定。我们日常观察到的物体运动，它是存在摩擦和介质阻力的。和力学研究中的物体不同，力学研究的都是自由运动的物体。（图2-2）物体在有摩

图2-2 列车的牵引力克服了阻碍运动的摩擦阻力，使列车前行

擦的情况下做匀速运动，必须受一个恒定不变力的作用才可以。但是这个力只是克服了运动物体所受到的阻力，为物体的自由运动创造条件，并不可以说成是它使物体运动的。所以，"物体在一个恒定不变的力作用下做着匀速运动"这种说法在存有恒定不变的摩擦力的情况下还是成立的。

平日里力学观察之所以产生错误，是由于论证它的材料不完全造成的。而具有相当宽广的基础是科学概括的特点。所以有关力学定律的科学解释，不仅要适用于大车和列车的运动情况，还应当适用于行星和彗星的运动情况。只有扩大了我们观察的视野，区分事实和偶然，才可能得出正确的结论。否则得到的知识是不可能揭露出现象的本质的，也不能在实践中很好地运用。

让我们就下面一类的现象进行讨论，之前说过的牛顿第二定律，也就是自由物体受到作用力的大小和它得到的加速度成正比的关系，马上就清晰地呈现在我们面前。我们在学校学习的时候，对这个极为重要的关系，大都没有很好地理解，这一点真的让人遗憾。例如，让我们从下面这个情形中，体会一下事物的本来面目，例子虽是想象的，但是本质可以看得更清析的。

2.4 把大炮搬上月球

在地球上，我们的炮兵可以用大炮把炮弹以 900 米／秒的速度发射出去。假如这门大炮被我们搬上月球会是什么样子呢？在月球上的物体自身重量只有地球上的 $\frac{1}{6}$。我们先不考虑月球上没有空气这一情况所造成的区别，请问这门大炮在那里发射出的炮弹速度是多少？

很多人经常这样回答这个问题：在月球上火药发出的作用力和地球上是一样的，但是在月球上炮弹的重量只有地球上的 $\frac{1}{6}$，得到的速度应当是地球上速度的 6 倍，也就是 900×6=5 400 米／秒。所以说月球上炮弹发射的速度是 5.4 千米／秒。

27

这个答案是错误的，但看起来好像找不出任何错误。

其实上面论断所根据的关系，在力、加速度和重量三者之间是根本不存在的。从牛顿力学公式 $F=ma$ 可以看出，和力、加速度有关的是质量，而不是重量。无论是在地球上还是在月球上，炮弹自身的质量是不变的，两个地方的质量相等。所以无论是在月球上，还是在地球上，火药爆炸的作用力对炮弹产生的加速度是相等的。再根据公式 $v=\sqrt{2aS}$ 可得炮弹在炮膛中运动的距离 S 是相等的，所以速度 $V=\sqrt{2aS}$ 一定是相同的。

由此可得，无论是在地球上还是在月球上，炮弹的最初速度是相同的。要说炮弹到底能在月球上射出多远的距离和多高高度，那就完全不同了。月球上的重力减少在这个问题上有着很大的影响。

例如，炮弹以 900m/s 的速度在月球上垂直向上被射出去，由公式：

$$aS=\frac{v^2}{2}$$

可以求出它所到达的高度。我们前面第 23 页的表格上可以找到这个公式。物体的重力加速度在月球上是地球上的 $\frac{1}{6}$，所以 $a=\frac{g}{6}$，代入上面的公式可得：

$$\frac{gS}{6}=\frac{v^2}{2}$$

炮弹的上升距离即为：

$$S=6\times\frac{v^2}{2g}$$

在不考虑大气的情况下，在地球上：

$$S=\frac{v^2}{2g}$$

如此可知，在不考虑空气阻力的情况下，虽然炮弹在月球上和在地球上的初速度相同，但它在月球上射出的距离是在地球上的 6 倍。

2.5 大洋深处的气枪

有这样的一个题目：棉兰老岛属菲律宾群岛，它的附近的海洋深度为 11 000 米，属于海洋最深的地方了。

如果把一支压好了子弹而且枪膛里有压缩空气的气枪，放入这个深渊之中，然后扣动扳机。先让我们假设它射出子弹的速度为 270m/s（七星手枪的速度），请问这支气枪能不能把子弹射出来？

答案是这样的：在子弹被射出的一刹那，水的压力和里面压缩空气的压力会从两个相反的方向同时作于它的上面。如果空气的压力没有水的压力大，那子弹就不会被射出去，相反就可以被射出去。所以首先我们要比较一下两个压力的大小。我们可以根据每 10 米高水柱的压强和一个大气压相当，（即压强 $P=1$ 千克／平方厘米）计算出作用在子弹上面水的压强 P 为每平方厘米 1100 千克。

假如这支气枪的枪口直径是 0.7 厘米，（七星手枪的口径），则截面积是：

$$\frac{1}{4} \times 3.14 \times 0.7^2 \approx 0.38 \text{ 平方厘米}$$

水在这个面积上的压力为：

$$1100 \times 0.38 = 418\text{kg}$$

接着再求压缩空气的压力，假设子弹在枪膛里做的是匀加速运动，以此得出通常情况下它在枪膛里加速度的平均值。当然子弹的运动不可能是加速度均匀的，但为方便计算。

我们可以再第 29 页的表格里找到下面的公式：

$$v^2 = 2aS$$

公式中的 v 代表枪口的子弹速度；a 代表加速度；S 代表压缩空气的作用距离（也就是枪膛的长度），我们估计 22 厘米。另外把 $v=270m/s$ 换算成

27 000cm/s 代入上面的公式，就可以得出：

$$27\,000^2=2a\times 22$$

求得：

$$a\approx 165\,000\,00cm/s^2$$

通常的情况下，子弹会在非常短的时间里飞出枪膛，我们对这样大的加速度不必吃惊。加速度的数值有了，我们在把子弹的质量假想成 7 克，根据公式：

$$F=ma$$

得出力 F 为：

$$F=7\times 165\,000\,00=115\,500\,000\text{ 达因}$$

也就是 1150 牛顿，（1 牛顿约为 1 百万达因）所以空气的压力约为 115 千克。

由此，可知子弹在发射的刹那间，受到了 115 千克的推力，同时又受到 418 千克水的阻力。所以子弹非但不能被射出去，还反会被水的压力压向枪膛里。当代的制造技术，还不可能造出比这压力大的气枪，但很有可能制造出可与七星手枪媲美的气枪来的。

2.6 撬动地球

质量特别大的物体不可能被非常小的力量挪动，这一看法在对力学缺少研究的人群中广为流传。这又是一个常识性的错误认为。相反的结论已被力学研究证明是对的：一个自由的物体，无论它的质量有多么大，无论受到任何力量，哪怕是极其微弱的力量的作用，也会产生运动。实际上，包含这个意思的公式 $F=ma$ 已经被我们多次利用过了，由此推及：

$$a=\frac{F}{m}$$

我们由这个式子可以看出，只要有力 F 的存在，加速度 a 就不会为 0，所

以说任何质量的自由物体都会被任意的力量挪动。

但是在我们生活实际中，有阻碍运动的摩擦力存在，有关这个定律的证明我们还是不常见的。毕竟我们和真正自由的物体发生关系的时候不是很多。完全自由的物体的运动，我们几乎是看不到的。假如要使物体在有摩擦的情况下发生运动，所施的力量就要比摩擦力大。在一个非常干燥的橡木地板上，我们要想把一只橡木柜推动，怎么也要用$\frac{1}{3}$的柜重力量，这就是因为有摩擦力的存在。（干燥橡木间的摩擦力，几乎是物体重量的34%）假如没有摩擦力，想把这特别沉重的橡木柜推动，只要有个小孩子的手指轻轻一推就可以了。

像太阳、月球、行星和地球等这一类的完全自由的物体，在自然界里数目并不是很多，它们都是不受摩擦和介质阻力作用而运动的物体。如此说来，地球是完全可以用我们自己的肌肉力量来推动了。事实真的是这样的，地球的运动完全可以有我们自身的运动来带动。

列举一个我们双脚跳离地面的动作，作用力使我们身体上升的同时，其反作用力反向作用于地球，使它向反方向运动。但是地球这个运动的速度是多少呢？这也许是不少人会问的。依据使我们上升的作用力和反作用在地球上的力是相等的，（作用力和反作用力相等定律）可以得出两个力产生的冲量也相等，由此推出，我们的身体所得到的动量值等于地球得到的动量值。假如地球的质量用 M 表示，速度用 V 来表示，而人体的质量用 m 表示，速度用 v 来表示，则可以推出公式：

$$MV=mv$$

由此可以推出：

$$V=\frac{mv}{M}$$

由此我们可看出这个速度是极其微小的，原因就是地球的质量比人体的质量要大很多很多倍。我们现在不用"大得难以想象"这样的说法来描述地球的质量，它的质量已经被测了出来[①]。所以速度在特定的情况下还是可以

①对于如何测量地球的质量，请参考《趣味天文学》如何测量地球的质量一节的内容。

知道的。

地球的质量约为 6×10^{27} 克，假定人的质量为 60 千克，折合 6×10^4 克也就是说 m 和 M 的比值为 $\frac{1}{10^{23}}$。换句话说，地球的速度只等于人的跳起速度的 $\frac{1}{10^{23}}$。我们根据公式：

$$v=\sqrt{2gh}$$

求出人的速度，如果这个人跳起的高度为 1 米。那么，

$$v= \sqrt{2 \times 981 \times 100} \approx 440 \text{cm/s}$$

由此得出地球的速度

$$V= \frac{440}{10^{23}} =4.4 \times 10^{-21} \text{cm/s}$$

虽说它毕竟不为 0，但我们对这样极其小的数目简直无法想象。若我们想要对此速度有个概念，可以假定地球会在得到了这个速度后，一直以这个速度运动，在地球寿命允许的范围内运行十亿年后怎么样呢？根据公式：

$$S=Vt$$

计算 10 亿年，也就是 t 为 31×10^{15} 秒的时间里，地球所运动的距离，可以得出：

$$S= \frac{4.4}{10^{21}} \times 31 \times 10^{15}=1.4 \times 10^{-4} \text{cm}$$

折合成微米（也就是 $\frac{1}{1\,000}$ 毫米）即为：

$$S=1.4 \text{um}$$

地球的速度极其的微小，在这样的速度下，运行 10 亿年它移动的距离也是相当的微小，我们的肉眼根本分辨不出这 1.4 微米的距离。

实际上，地球由于人的碰撞而得到的速度，它根本无法保存下来，地球的引力会在我们双脚离开地面的时候，把这个速度降低。因为人的质量是 60 千克，所以，人体和地球都会受到 60 千克力的吸引，所以，跳离地面的人会马上落回原地，而地球的速度也会马上的降低为 0。

所以说，地球根本不可能在我们的撞击下运动，虽然我们给了它一个非常

图 2-3 人可以站在地球之外的一点上，推动地球

微小而又短暂的速度。如果人找不到一个像图 2-3 中那样和地球没有任何联系的支撑点，那么人是不可能用自己的力量移动地球的。但是图中那个人的双脚究竟是站在了什么地方，就是再有丰富想象力的艺术家也无法明白这一点。

2.7 重心移动定律

发明家如果不把力学上的一些定律融合进自己的思想，那么他的技术发明终究会掉入毫无收获的空想里面。认为只有能量守恒定律才是发明家应当遵守的准则的想法是不应当的。重心运动如果在现实研究中被忽略的话，它也会使发明家白白地耗费自己的精力，工作容易走入死角回不来。

内力并不是改变物体（或者物体系统）重心运动的唯一作用力，这一点在上面的定律中已有定论。就拿在空中爆炸的炮弹来说，假设是在我们忽略空气摩擦阻力的情况下，它的碎片在到达地面之前的移动轨迹还是要顺着炮弹的重心移动的那条轨道移动的。在一个物体的重心原本就是静止的这一特殊情况下，也就是说物体原本不是运动着的，那么它的重心不可能在任何的内力作用下移动。

用这个重心移动的定律，就可以给我们上节所谈到的，地球不可能在我们肌肉力量作用下移动的现象一个解释。

在人的肌肉作用于地球的时候，人和地球之间就会产生相互作用的力，它们都属于内力，所以它们的共同重心不会被这样的力移动。地球也会在人回到地面的同时回到自己原来的位置。

如果忽视了这个重心移动的定律，发明家们会走上什么样的迷途呢？让我们列举一个设计崭新飞行器的例子来加以说明，这是非常有教育意义的例子。

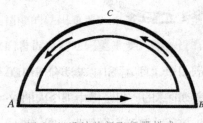

图 2-4 设计的新飞行器样式

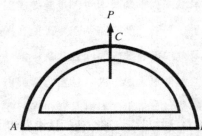

图 2-5 整个的装置会被力 P 向上托起

发明家假想了下面这样一种情况，说有一个由水平伸直的管子 AB 和在它上面呈弧形的管子 ACB 组成的闭合回路。图 2-4 中的管子里面，装有一种被管里的螺旋桨推动着，向一个方向不停流动的液体。在流经管子的弧线部分 ACB 的时候，液体会产生一种向管子外壁的离心力。这就是力 P，（图 2-5）它的方向是向上的，因为液体在流经管子 AB 段的时候，没有产生离心力，所以力 P 没有反方向的作用力产生。他们由此而推论得出：整个的回路装置，会被力 P 在水流速度达到一定程度的时候，提向高空。

我们早就知道发明家的想法是错误的，这个装置不会升空，就连研究都没有必要。液体在螺旋桨的作用下，在管子里流动的液体、管子以及螺旋桨实际上是一个整个的系统，液体流动所产生的作用力 P 也属于内力，所以它不可能使系统重心产生移动。发明家的论证存在着非常大的疏忽，是不对的，由此推出的力 P 使得装置移动的结论也不可能是对的。我们其实可以轻而易举的指出他们的错误。不只是弧线部分 ACB，就是转弯处的 A、B 两个点也会产生离心力，这是一个被设计者所忽视的地方。（图 2-6）由于两个点的曲率半径非常小，这个弯转得也就很急，所以路径自然很短。转弯越急，产生的离心力就越大，这一点我们是知道的。所以力 P 的作用也就会被这两个转弯点所产

生的 Q 和 R 两个力的合力的作用下平衡
掉。不只是两个力被发明家们遗漏掉了，
就连重心运动定律他们也没有记好，所
以他们的设计是不会有用处的。

"工程师和发明家如果不明白力学
定律而被其压抑着，是不可能把有用的
东西呈现给自己或者别人的。"这是 400 年前意大利的达·芬奇曾说过的一
句话。

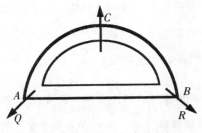
图 2-6 装置飞不起来的原因

2.8 找寻火箭的重心

有着强劲动力的喷气式飞机在高空飞行，人们似乎以为它可以摆脱重心运
动的定律。还有就是宇航家们使火箭在内力的作用下飞上了月球。而火箭的重
心也很明显地被带到了月球上。在起飞之前火箭的重心是在地球上的，但是最
后却是在月球上了，我们的重心运动定律应当如何解释这样的情况呢？这好像
非常明显地破坏了重心运动定律。

这种论证产生的基础其实是不正确的，它是很容易被反驳的。火箭和自己
的重心之所以被带到了月球，原因很简单，它所喷发出的气体肯定接触到了地
面。而这部分气体（燃烧的产物）最终留在了地球，也就是说火箭只有一部分
飞上了月球，所以我们说这整个系统的惯性中心①还是在火箭起飞的地方。

火箭所喷发出的气体是由地球阻挡的，它并不是自由的，这一点是我们应
当注意的。如此说来，我们就不应当只谈火箭的重心，而应当说地球－火箭

---

①如果我们例举到不止一个物体，或者根本是好多粒子组成的一个系统，我们力学研究上一
般不称呼其重心而是说惯性中心，假如这个系统相比于地球非常小，我们就可以认为重心和惯性
中心是重合在一起的。

这一巨大系统的惯性中心是否移动的问题，毕竟地球这一刻是脱离不开火箭这个系统了。地球一定在气流的作用下，向火箭运动相反的方向产生了移动，惯性中心也会随之移动。但是由于火箭和地球两者的质量相差很多，地球在这气流冲击力的作用下的移动是非常微小的，我们根本察觉不到。可是用这抵消火箭飞向月球所带给的地球－火箭系统的重心移动已经足够了。地球移动的距离和火箭移动的距离的比值就等于火箭的质量和地球的质量的比值，是几万亿分之一呀！

所以说，惯性中心运动定律就是在这样的情况下也还是有意义的。

第3章

重力

3.1 悬锤和摆

我们的内心一定会有这样的想法，在所有使用在科学研究上的仪器里，悬锤和摆应当是最简单的了。"我们脚下几十千米深的地球核心的情况我们都可以想得到，"这样奇迹般的结果，就是由这样简单的工具获得的，这难道还不值得我们吃惊吗？悬锤和摆所探测的地球深度和世界上钻得最

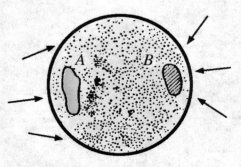

图3-1 使悬锤发生偏移的地层内部，稀疏的 A 和密集的 B

深的井（不过几千米）相比，要大很多很多倍，科学的这一功绩足以让我们提起重视。

悬锤的力学原理其实很简单。悬锤在地球上任何一点的方向，在地球质量分布均匀的情况下，是可以通过计算得出来的。可是这个理论上的方向，正是由于地球表层或是内部的质量分布不均，而和实际有所差别（图3-1）。悬锤

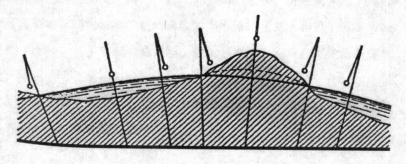

图3-2 悬锤的方向会受地面高低的影响

如果是在一座大山旁边，它就会倾斜向大山的一侧，悬锤越是倾斜，就说明这座大山的质量越大，和大山的距离也就越近（图3-2）。悬锤如果是在洼地，它就好像会受到地球空隙的排斥作用，也就是说周围的质量会对它产生吸引作用，使它偏离原来的方向，这就产生了和上面相反的情况。在这个时候，偏离空隙的大小就说明了排斥力的大小。这时候排斥力的大小，等于这个空隙被填满的时候这些填充物的质量所应产生的引力。除了空隙，像密度比地球的基本底层密度低的蕴藏物质也会排斥悬锤，只不过它们的排斥力相对较小。根据这一特性，地球的内部构造我们完全可以用悬锤测量出来。

不过摆在这方面的功用要比悬锤大得多。下面就是这个仪器的特性：假如摆的角度在几度之内，不管摆动的度数是多少，它的摆动周期也就是时间是一致的，也就是说摆的周期和摆的角度无关。那么它的摆动周期和什么有关联呢？答案是摆的长度和所在地球位置的重力加速度。关系式为：

$$T = 2\pi\sqrt{\frac{l}{g}}$$

T 表示摆动的周期，也就是从一边摆动到另一边后再摆回出发点所用的时间。l 示摆长，g 表示重力加速度。

如果摆长 l 的计量单位是米，那么重力加速度 g 的计量单位就应当是 m/s^2。

假如使用秒摆来研究地层的结构，它每向一边摆动一次就是一秒，再回来就又是一秒。那么关系式就可写为：

$$\pi\sqrt{\frac{l}{g}} = 1$$

由此可得

$$l = \frac{g}{\pi^2}$$

所以为了使秒摆可以准确摆动，我们必须不断地变换它的长度，以适应地球重力变化对其的影响。这也正好成为探测重力变化的一种方法，哪怕只有万分之一的变化也可以测出来。

这种探测的技术很复杂，超乎我们的想象，所以对使用悬锤和摆来进行探测的技术我们这里就不再详述了。但是有几个有趣的结果，在这里作一叙述。

正如悬锤在大山的旁边就会偏向大山一样，乍一想它在海边就应当偏向大陆。可是实验却证实了一种相反的结果，那就是远离海岸的陆地的重力作用要比近海的小，近海海岛的重力作用又要比海洋的小。这也就是说，海洋下面的地层物质组成要比大陆下面的重。地质学家对我们地球外壳岩石组成推测的依据就是根据的这些物理事实。

在查所谓的"地磁异常区"的原因时，这种研究方法起到的不可替代的作用。

物理学有很多的例子，应用在似乎和它毫不相干的学科里，以上只是其中的两个罢了。

其他测算重力差异的方法在现代科学中也有应用。正是由于我们地球形状的不规则，和构造上的不均匀等因素，所以我们人造卫星的运动受到了影响。理论上讲，人造卫星的飞行，在经过大山地区或者地质密度较大的地区的时候，受到这些地区较大质量的吸引高度有所降低，速度有所增大才是。但是实际上，我们根本无法测量到这个结论的数据，因为卫星飞行的高空区域并没有达到相当的高度，那里还是存在有大气阻力这一情况的。

图3-3 左上角是仪器构造示意图，右上角是变化的引力

3.2 水中的摆

有这样一个题目：如果我们设计一个光滑琉璃的摆锤，按在摆钟上，然后将它放入水中，水的阻力可以说对摆锤无效。问和水上相比，哪一个的摆动周期长？换种容易理解的说法，哪一个摆动得更慢？

答案是：环境阻力非常小，摆的在它里面的摆动速度好像不会有什么明显的变化。可就是在这样的条件下，我们实验得出的结论是，摆的摆动非常慢，这一点是环境阻力不能够解释的。

我们应当这样解释这个乍一看来就像谜一样的情况。摆的质量虽然无法改变，但是它所受到的重力作用，会在水中发生变化。这是因为浸泡在水中的物体会受到水的浮力作用。摆在水中的情况就好像是被置身在了一个重力加速度较小的星球上，所以摆的摆动就会减慢。这一点根据公式 $T=2\pi\sqrt{\dfrac{l}{g}}$ 就可以计算出来，当 g 减小的时候，T 必定会有所增长。

3.3 斜面上的容器

把一个盛水的容器放到表面非常光滑的斜面 CD 之上（图 3-4），水面在匀加速滑动的容器里会变成什么样子？我们知道，容器静止在斜面上时，里面的水面 AB 应当与水平面平行。假如让容器在上面向下匀加速直线滑动，请问在滑动的时候，里面的水面是否还能保持水平。

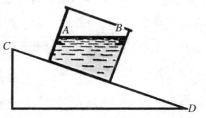

图 3-4 水面在滑动的容器里会变成什么样子

如果器皿和斜面之间没有摩擦力存在，那么 AB 和 CD 是平行的，这就是实验结果。为什么会这样呢？下面对这一现象作一简要解释。

如图 3-5，每一质点的重力 P 都可以被分解为 Q 和 R 两个力。

先来说分力 R，它使容器和里面的

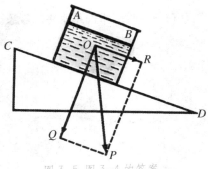

图 3-5 图 3-4 的答案

水沿斜面 CD 做匀加速滑动。无论容器是否运动，水的质点对容器壁的压力都是相同的（容器和里面的水有相同的加速度）。再来说分力 Q，它使水的质点向容器底部施压。各个水质点的分力 Q 的和，等同于容器静止时静止的水对容器底部的压力。我们最后来说一下任一水质点 O 所受的合力 P，其在平行于斜面 CD 方向的合力，是分力 R（大于 0，能使水质点做匀加速运动）；而各水质点在垂直斜面方向的合力为 0（分力 Q 与斜面对它的支撑力相等）。因此容器里的水面应与力 R 相同，也就是跟斜面 CD 平行。

那么，如果容器沿斜面 CD 匀速直线下滑，此时容器中的水面又会是怎样的呢？

通过实验，可以很快得出，此时的水面是水平的，而不是平行于斜面 CD 的。因为容器沿斜面 CD 做匀速直线运动的状态，等于它完全静止在斜面上的情况一样。经典相对论中对此现象有一经典解释，那就是"匀速直线运动中物体所受力的变化与它完全静止时一样"。

我们就用经典相对论来解释这一现象。当容器沿斜面 CD 做匀速直线运动时，容器壁上的任一质点，其运动状态都没有改变，也就是说没有产生加速度。这时，水中的任一质点所受的合力 P，其在平行于斜面 CD 方向的合力，是分力 R（等于 0，没有加速度）；而各水质点在垂直斜面方向的合力为 0（分力 Q 与斜面对它的支撑力相等）。这种状态与它在静止时完全一样。因此容器里的水质点的合力方向就是其所受的重力方向，所以水面应是水平的。需要提醒的是，在容器还没有到达匀速直线运动之前，就在刚开始加速运动的时候①，会存在一段时间水面不水平的现象。

①我们应知道，物体不可能瞬间从静止变成匀速运动，它必须要经过一段加速的过程，哪怕是这个过程很短。

3.4 水平尺的倾斜

设想器皿里装的不是水，换成是手里拿了水平尺的一个人，在没有摩擦的情况下向下滑动，会有怎样奇怪的现象呈现在他的眼前呢？当然他此刻的身体还是和开始一样紧贴在器皿的底部，不过力量相对较小。也就是说器皿底部的倾斜和水平不会影响到站立人的感觉。这会是怎样的一幅景象呢？之前水平的一切，现在看来都是倾斜的了，例如：房舍，绿树，都是倾斜的，还有池塘里的水面也是倾斜的，所有一切都是倾斜的，除了他所在的"平面"CD。不必惊诧于自己的眼睛，如果当时用手中的水平仪测一下器皿的底面，它也会告诉你器皿底是水平的。可以说，水平方向在这个人看来已经和我们平常所理解的发生了变化。

经过上面论述，可以说，任何时候，除非我们意识到了自己的身体和竖直方向有了偏差，否则总是感觉四周的一切都是倾斜的。这种四周一切好像都是倾斜的的感觉，经常会出现在转弯飞机的驾驶员和骑旋转木马的人身上。

我们有时候在非常水平的道路上，而不是倾斜的道路上行走时，看向它上面一块特别水平的地板，也会感到这地板是不平的。进站和出站行驶的列车就是这种情况的生动例子，其实这样的情况不只发生在列车上，但凡做加速或是减速运动的车辆上都会存在。

我们可以观察这些奇怪的现象：在列车做减速运动的时候，向列车运动的方向看，感觉地板逐渐的在向下倾斜；顺着列车前进的方向，向前行走是不是感觉地板越来越低；假如我们向相反的方向走，就会感觉越来越高；还有列车出站加速的时候，好像总感觉地板是在向列车行驶的反方向倾倒。

对地板和水平面产生倾斜的现象，我们可以通过一个实验来加以解释。这个实验很简单，只要有一个杯子，里面装上像甘油一样的黏性液体就可以了。

杯中的液体表面会在列车加速过程中失去水平。不必怀疑，这种类似的现象其实在车辆溜水槽里就有机会见到。雨水囤积在车顶的溜水槽里，会在列车进站的时候向前方流，而在列车出站的时候向后流。正是因为和列车加速度方向相反的一面水面升高了。

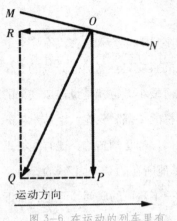

图 3-6 在运动的列车里有哪些力在作用着物体

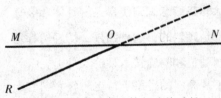

图 3-7 在列车开始行驶的时候，地板为何好像是倾斜了

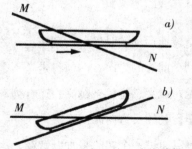

图 3-8 在列车开始运动的时候，碟中的液体为什么向后溢出。

下面还有一个有趣的现象，让我们来对它的原因进行讨论。我们以列车里面的人为参考。这种看法不同于列车之外静止不动的人的看法。现象发生时，我们坐在列车里面向列车加速运动的前方，相对于我们所看到的一切，会产生出这样的感觉——认为自己好像是静止的。这当然只是我们自己的感觉而已，这个时候我们还会有这样的感觉：并不是列车的后壁对我们的身体构成了压力，而是我们正在以等量的压力依靠在列车后壁上，如果不是后壁，换成座椅也会是同样的感觉。我们这个时候好像不只是受到了重力的作用，还有一个和列车行驶中加速度方向相反的力 R 的作用（图 3-6）。我们此时自认为的竖直方向其实是两个力的合力 Q 的方向。而我们此时自认的水平方向就是和力 Q 垂直的方向。所以原本的水平方向 OR 就好像在加速度的方向增高了，和加速度相反的方向降低了（图 3-7）。

盘子里所装的液体在这样的情况

下，会有什么变化呢？如图 3-8 所示，我们知道 MN 是现在我们认为的水平
方向，它和原来的液体水平方向是有区别的。车行驶的加速度方向是箭头所指
的方向，车辆在加速的时候所发生的一切，在图上非常清晰的表现了出来。如
果车辆也倾斜向我们认为的水平方向，情况就更加的清晰了。此刻，我们弄清
楚了水会溢向碟子的后面，和流向溜水槽后端的原因。站在列车车厢里的乘客
向后倾倒其实也是一样。（图 3-9）大家对这个熟知的事实公认的解释是：当
人的头和身体还保持静止的时候，两条腿却被地板带着运动了。

图 3-9 乘客为何会在列车开动的时候向后倒

下面是摘录伽利略的一段话，我们可以从中看出他对于这样的解释同样表
示赞成。

如果给一个器皿装上水，然后让它做非匀速的直线运动，它的运动速度一
会儿增加，一会儿减小。那就会产生这样的结果：水的运动和器皿的运动是不
太同步的。当器皿减低速度的时候，水的前面就会升高，因为水的速度并没有
马上减低，仍会继续向前端涌去。把情况调转一下，如果增加器皿的速度，升
高的就是后面，因为水仍会保持原有的速度，相对于器皿落后了。

这样的说法和上面提到都是切合实际的。但是对于科学研究的价值轻重
看，它不仅仅是切合实际就可以了，还要从量上可以计算才是更好的。所以
我们要使得前面讲的"脚下的地板不再是水平的"这一看法，具有更高的科
学价值，就必须在量上加以计算，其他是做不到这一点的。就拿列车驶出车

站的例子来说，假设当时的加速度为 1 米／秒^2，根据力和加速度的正比关系可得，在三角形（图 3-6）QOP 中 QP：$OP = 1$：$9.8 \approx 0.1$，也就是说 $tg \angle QOP = 0.1$，即 $\angle QOP = 6°$。换句话说，在列车出站的时候，悬在列车中的物体应当产生 6° 倾斜。我们脚下的地板好像也会斜下 6°，所以我们在车厢里走动时会有上下坡的感觉，而这斜坡的倾斜角正是 6°。这些细节在普通的研究论述中是没有办法体现的。

产生两种区别的看法，仅是因为观点有区分，读者其实也发现了这一点。普通的看法是让观察的人站在车外静止不动；另一种则是让观察的人置身其中。

3.5 有磁性的山

在加利福尼亚司机们都说当地有一座有磁性的山。事情是这样的，有一个非常奇怪的情况经常在山脚下一段斜坡路上发生。这段路只有 60 米左右。如

图 3-10 加利佛尼亚磁山

果把车子的发动机关闭，让车子在这段斜坡上向下滑行，车子就像是受到了山的磁力吸引一样，向着斜坡的高处后退着行驶（图 3-10）。

人们似乎已经都认同了山的怪异特性，并把这个现象写在了一个木牌上，然后立在了这段公路的一侧。

但是，也有个别的人对于车子能够被大山磁力吸引这一说法不太相信，他们把这段路的平整度进行了测量。得出了令所有人吃惊的结果：这根本就是一段有着 2° 倾斜角的下坡路，汽车在这样的坡度上如果关闭发动机是可以正常滑行的。这种因为视觉上的错误让人惊奇的事情经常发生在山路地区，很多的故事传说也因此盛传。

3.6 向上流的河水

有些小河逆流的故事常被一些旅行家们谈起，这应当也是视觉错误造成的。下面摘录的一段话是关于"表面感知"的，它出自一本讲生理学的书籍。

在很多的情况下，我们对某一方向是否水平、倾斜角度是向上或是向下的判断是不正确的。例如，当我们行走在一条微微向下倾斜的道路上的时候，如果前面不远的地方有另一条和它交叉而过的道路，它的坡度是向上的，那么这时它给我们的感觉会比原来的坡度要陡。当然，最后我们会吃惊地发现，那样的陡峭其实只是我们想象出来的，事实并非如此。

把我们走着的路面当成是水平的，而后以此为基准来判断其他方向的倾斜度，自然就会产生以上的错觉。

在行走的过程中，我们的肌肉对于 2°~3° 的倾斜度根本感觉不到，所以才会发生上面的情况。还有其他的错觉说出来更有意思，比如小河的水顺着山

图 3-11 小河边稍微有些斜度的道路

坡向上流，这一般发生在路面高低不平的地区。

下面还是摘自上本书里的一段话：

当我们走在一条顺着小河的下坡路上时，假如此时的水面坡度较小，
(图 3-11) 小河的水面显得非常平静，我们就会感到小河水是向上流去的。
(图 3-12) 出于我们的感知习惯，在这里我们又把自己所走的道路当成是水
平的了，并以此为基础来判断小河的流向。

图 3-12 在路上行走的人会觉得河水的流向是向上的

3.7 转动的铁棒

拿一根正中心打了孔的铁棒，然后用一根非常结实的细金属丝在这个孔里穿过去把它吊起来，（如图3-13）使铁棒转动，想一想，当它再次停下来的时候，应在什么位置。

水平是这根铁棒唯一的平衡位置，所以它停下来的状态一定是水平的，这是人们常有的观点。其实这根铁棒可以停留在任何的位置，因为它的支撑点是自己的重心位置，这样的观点很难让人们接受。

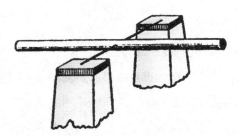

图 3-13 在轴上平衡的铁棒被转动后会停在哪里

许多人对这道简单题目的正确答案，都无法接受。铁棒的中央被绳子吊起来的情况让人们见多了，而那种情况下铁棒确是要停留在水平的位置。当人们遇到在中心穿过的这种情况时没有加以比较，就断定它还会在水平的位置停留。

可是，两根铁棒的悬挂情况并不一样，一个是用绳子拴在外面，另一个是穿过中心。对于打孔的铁棒，它的悬吊物是支撑在它的重心处，处于随遇平衡状态。但对于外面拴绳子的铁棒，它的支撑点却是在铁棒的重心之上（图3-14右）。物体这样被悬吊着，只有在悬吊点和重心重合在竖直线上的时候，铁棒

49

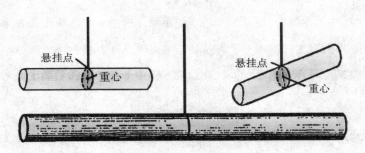

图 3-14 在中间用线悬吊的木棒为何会保持平衡

才能够静止。只有铁棒在水平位置的时候才会有这样的请况，一旦发生倾斜，重心就会偏离竖直线（见图 3-14 右）。很多人就是被这一常见的现象所迷惑，而不能接受打了孔的铁棒可以在任何位置停留这一事实。

第4章

抛物体的降落

4.1　七里靴[1]

七里靴是童话故事里的一种靴子，如今却被人们以一种特别的方式变成了现实：一套氦气供应设备加一个形体不大的气囊（气球被放在里面）还有一个可以盛放它们的规格差不多的旅行箱。这个气囊可以随时被运动员从皮箱里取出来使用，只要给它充满氦气，它就会被变成直径5米的气球。运动员可以利用这个气球跳特别远的距离。（图4-1）这个气球在空气中受到的浮力，没有人体重量大，所以我们不必担心自己会飞到高空去。

让我们做一件有趣的事情，那就是算一下这个运动员假如利用了这个气球，他能跳到的高度是多少？

我们可以假定气球的浮力比人体重力小1千克，也就是说，人如果用了这个气球，它的体重好像只剩下1千克了。如果正常的体重为60千克，请回答他所跳出的高度会不会是原来的60倍。

我们应当这样算：

人利用气球后重力只剩下了1千克，大约是10牛顿。气球自身的重量约合20千克。也就是说，有20 + 60=80千克的物体受到10牛顿力的作用，它所得到的加速度 a 用公式可以

图4-1 跳球

---

[1]童话里的一种靴子，穿上它就可以日行千里。

算出：

$$a=\frac{F}{m}=\frac{10}{80}\approx 0.12\mathrm{m/s^2}$$

在不用气球的情况下，人的原地蹦高不会超出 1 米。他的相对速度 v 由公式：

$$v^2=2gh$$

可得：

$$v^2=2\times 9.8\mathrm{m^2/s^2}$$

算出 v 大约是 4.4 米／秒。人身上系着气球时跳起的速度一定会比不利用气球时小，两个速度的比值应当是 60 ∶ 80。由公式 $Ft=mv$ 就可以推出这一点，在力 F 和作用时间保持不变的情况下，也会产生相同的动量；换句话说，速度与质量成反比。根据比值，可以求得身上系着气球跳高的速度是：

$$4.4\times\frac{60}{80}=3.3\mathrm{m/s}$$

在根据公式 $v2=2ah$，带入相关数据，得：

$$3.3^2=2\times 0.12\times h$$

得出 h 大约是 45 米。因此，运动员用自己普通情况下跳 1 米的力量，在利用气球时就可以跳出 45 米的高度。

其实这种情况下跳跃时间的计算也非常有意思。把利用气球跳出的高度 45 米和加速度 0.12 米／秒^2 代入公式：

$$h=\frac{1}{2}at^2$$

求出：

$$t=\sqrt{\frac{2h}{a}}=\sqrt{\frac{90000}{12}}\approx 27\mathrm{s}$$

跳上去还要落下来，总共需要 54 秒的时间。

加速度比较小是这个跳跃花费时间长的主要原因。假如不是利用了气球，那就要在比地球的重力加速度小近 60 倍的其他小行星上，我们才可以体会到这种跳高的感觉。

当然我们是在不计空气阻力的情况下作以上计算的，下面遇到的计算也是一样的。可是我们要明白，即使把空气阻力计算在内，跳出的高度和所需的时间运用力学理论里面的一些公式也是可以计算出来的。只是在这样的情况下和在真空中相比，跳出的高度和所需的时间要小许多。

对于他究竟可以跳出多远，我们也可以来算一下。运动员在跳远时他跳出方向和地平线应当有一个角度α。让我们假定他的初速度为v（图4—2），它由两部分组成：垂直起跳速度v_1和水平方向的速度为v_2。三者的关系式为：

$$v_1 = v \times \sin\alpha$$

$$和\ v_2 = v \times \cos\alpha$$

设人体的运动时间t，即可以得出：

$$v_1 - at = 0\ 或者\ v_1 = at$$

推论出：

$$t = \frac{v_1}{a}$$

得出人体的跳远所需时间：

$$2t = \frac{2v\sin\alpha}{a}$$

水平方向的速度v_2在整个的过程中应当是保持不变的，人体在水平方面匀速向前，那么$2t$时间里移动的距离是：

$$S = 2v_2\ t = 2v\cos\alpha \times \frac{v\sin\alpha}{a} = \frac{2v^2}{a} \times \sin\alpha\cos\alpha = \frac{v^2\sin2\alpha}{a}$$

所有正弦值都要小于或是等于1，所以$\sin2\alpha=1$的时候，S最远。也就是说，$2\alpha=90°$，$\alpha=45°$时S值最大。所以，在不计大气阻力的情况下，运动员只有以45°角的方向跳，才会跳得最远。至于最大的距离，可以把$v=3.3$米／秒、

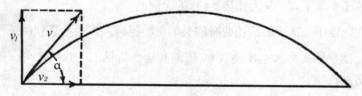

图4—2 把物体沿和水平线成一定角度的方向抛出的线路

图 4—3 利用跳球的跳跃

$sin2a=1$、$a=0.12$ 米／秒^2 等数值代入公式就可以了。

$$S=\frac{v^2 sin2a}{a}=\frac{3.3^2}{0.12}\approx 90 \text{ 米}$$

利用气球，我们可以跳过几层楼高呢！（图4—3）[1]

我们自己也可以用一个孩子们玩耍用的氦气球，和一个比它的漂浮力重一点的玩具运动员，来做这样一个实验。小运动员会在我们轻轻一碰的情况下就起来，然后缓缓在落下。但是它的空气阻力一定会比真人要大，所以速度会小很多。

4.2　有趣的杂技

有个非常有趣的杂技——肉弹，它的表演是这样的：准备一尊大炮然后把演员放到里面，它就会把演员像炮弹一样呈弧线打到30米远的网子上（图4—4）

---

①由例子我们可以看出，从45°角抛出的物体，它的最大距离，一般是竖直方向高度的两倍，这一点对我们是非常有用的。

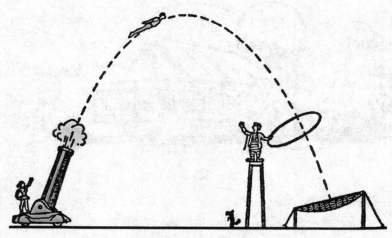

图 4-4 杂技的肉弹演出现场

当然这只是一个表演用的道具，并不是真正的大炮。虽然演出时大炮的炮口上也会冒出烟雾，但并不是真的有火药爆炸把演员打出去。烟雾只是起到一个让观众吃惊的效果而已，这会让观众产生一种错觉，火药爆炸把演员打了出来。但是真正把演员打出来的是弹簧，放烟雾只是增强演出效果。

莱涅特是一个很有名的肉弹表演者，下面是他给出的有关这个杂技节目的图解（图4-55）和数据：

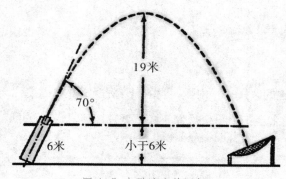

图 4-5 肉弹演出的图解

大炮的仰角——70°

弹出的最大高度——19 米

大炮的长度——6 米

对于演员的身体在这个表演中所受到的特别感受，应当引起我们的注意。演员的身体在发射开始时，会感受到一股外来的压力，它好像使自己的重量增加了。随后演员又好像完全失去了体重似的[①]。最后降落的瞬间他还会有体重增加的感觉。对于身体健康来说，演员以上的所有经历是不会有损害的。同样如此，宇航员乘坐火箭飞向太空，也会产生这样的感受。所以以上的这些很值得我们好好地研究。

宇航员会在宇宙飞船的发动机为飞船加速的短时间内，感受到自己体重的增加。宇航员的失重状态是在进入轨道后，此时的发动机是关闭的。我们都听说过，作为苏联第二枚人造卫星的特别乘客莱卡就亲身经历了火箭加速时的超重和卫星在轨道上运行时的失重状态，成了一只有名的狗。

再让我们看一看这个杂技表演的演员。

当表演开始，演员在炮膛里面还没有被打出来的时候，人造引力的大小其实已经引起我们研究的兴趣了。只要知道了演员在炮膛里的加速度，就可以知道这个引力的大小。求加速度，就应当弄清楚演员所走路途的远近，也就是炮膛的长度，还要有走这段路的速度。炮膛的长度为 6 米。根据这个演员被抛高 19 米，和前面的所学公式：$t=\dfrac{v\sin\alpha}{a}$ 速度也是可以求出来的。其中 t 表示上升所需时间，v 表示开始速度，α 表示被抛出的角度，a 表示加速度。当然高度 h 就是 19 米。

根据：

---

① 请对照阅读和本书同一作者的《趣味物理学》续编和《行星际的旅行》

$$h = \frac{gt^2}{2} = \frac{g}{2} \times \frac{v^2\sin^2\alpha}{g^2} = \frac{v^2\sin^2\alpha}{2g}$$

求出速度 v 得：

$$v = \frac{\sqrt{2gh}}{\sin\alpha}$$

然后把 $g = 9.8\text{m/s}^2$，$a = 70°$，$h = 19m$ 带入公式：

$$v = \frac{\sqrt{19.6 \times 19}}{0.94} \approx 20.6\text{m/s}$$

20.6m/s 就是演员的身体离开大炮的初速度，再根据公式 $v^2 = 2aS$ 可以求出演员脱离炮口的加速度：

$$a = \frac{v^2}{2S} = \frac{(20.6)^2}{12} \approx 35\text{m/s}^2$$

$35m/s^2$ 就是演员的加速度，和普通时刻的重力加速度相比，是它的 3.5 倍。所以在被弹射出的刹那间，演员会感到自己的体重增加了，除了本身具有的重力，还要有人为的部分[①]（原有重力的 3.5 倍），总共是原来的 4.5 倍的力量。

这增加的重力什么时候消失呢？根据公式：

$$S = \frac{at^2}{2} = \frac{at \times t}{2} = \frac{tv}{2}$$

可以计算的出：

$$6 = \frac{20.6 \times t}{2}$$

得：

$$t = \frac{12}{20.6} \approx 0.6\text{s}$$

因此说，在 0.6 秒的时间里，演员自己所感觉到的体重会是 300 千克，而不是自己原来的体重。

在表演的第二阶段，演员在失重的状态下飞行。他会有多长的时间感觉不到自己的重量，这个时间的长短应当是我们考虑的重点。

有关飞行时间的计算公式，我们在前面的内容中已经学过了。

---

①这个提法不是很恰当，实际上人为力量的方向和重力的方向之间存在有 20° 的夹角。但是这对我们的讲解影响不大，所以在此一带而过。

$$t = \frac{2v\sin\alpha}{a}$$

代入所有已知的数值，时间 t 就是：

$$t = \frac{2 \times 20.6 \times \sin 70°}{9.8} \approx 3.9 \text{ 秒}$$

也就是说会有将近 4 秒钟的时间里，演员感觉不到自己的重量。

和表演开始时的研究重点一样，在最后阶段还是人造力量的大小以及持续时间。如果网子的高度和炮口相同，演员开始的速度就是他落到网子上的速度。在实际表演中我们会把网子放的位置略低于炮口。这样做其实对速度影响不大，为了简化计算，我们对这个影响忽略不计。所以演员到达网子的速度就是 20.6 米／秒，假定网子在演员的撞击下，下沉 1.5 米。也就是说，经过了 1.5 米的距离，速度由 20.6 米／秒变为了 0。我们假设这个过程中的加速度是不变的，就可以在公式 $v^2 = 2aS$ 中代入数值：

$$20.6^2 = 2a \times 1.5$$

计算得出加速度：

$$a = \frac{20.6}{2 \times 1.5} \approx 141 \text{m/s}^2$$

也就是说，演员以 141 米／秒^2 相当于 14 倍的重力加速度冲入了网子里，这就是他感到自己体重增加的原因，大约是原来的 14 倍。这样的情形持续的非常短，只用了：

$$2 \times \frac{1.5}{20.6} \approx \frac{1}{7} \text{s}$$

正是由于时间非常的短，所以这个演员能承受住自己原来 15 倍的重力。如果持续时间延长，即使他经过艰苦的锻炼，也不可能经受得起。这相当于几乎一吨的重量压在一个体重只有 70 千克的人身上，如果他承受的压力时间稍长，他的肌肉力量就会承受不起，以至于使他不能呼吸，甚至被压死。

4.3 勇过危桥

　　一件陷入困境的事情，被儒勒·凡尔纳记载在了他的小说《八十天环游地球》里：洛杉矶有一座桥架严重损坏，随时都有塌陷的危险。有一个胆量非凡的司机下定决心要把旅客列车开过桥面（图4-6）。

　　"但是这是座要塌陷的桥呀！"

　　"如果我们的运气好，只要列车的速度达到最高，是可以冲过去的。"

图4-6　《八十天环游地球》中的危桥插图

列车的冲锋速度是人们无法想象的。活塞的进退运动是 20 次／秒。滚滚的浓烟从车轴里冒了出来。铁轨和车轮之间好像没有了接触。高速的行驶使重量消失了……列车开过了桥面。从危桥的一端飞向了另一端。就在他们刚刚开过的一刹那，轰隆一声，桥坍塌到水里去了。

这段描述真实可信吗？高速行驶可以使重量消失吗？火车在经过路基较差的路段都是要减速行驶的，因为缓慢行驶的列车对路基的压力要比高速行驶时小很多，对于这一点大家是了解的。那么此处的危险可以用列车的高速行驶克服吗？

小说这样的描述还是有一定道理的。如果条件具备，列车甚至可以完好无损的开过车身下面正在塌陷的桥面。这就要看列车驶过桥面的时间到底有多短。桥身无法在这样短的时间里塌陷。……让我们对此估算一下：列车有着 1.3 米直径的主动轮，它在活塞进退为 20 次／秒的时候，其速度是 10 周／秒。换句话说，火车的速度是每秒钟 $10 \times 3.14 \times 1.3$ 米 $=41$ 米。桥的长度假设是 10 米，因为山里面没有太宽的河流。所以列车以如此高的速度过桥只要用 $\frac{1}{4}$ 秒就可以了。而桥身假如在列车通过的开始就在塌陷，那么它在 $\frac{1}{4}$ 秒里下降的距离：

$$\frac{1}{2}gt^2 = \frac{1}{2} \times 9.8 \times \frac{1}{16} \approx 0.3 \text{ 米}$$

大约 30 厘米的下降距离。桥只能是在列车驶入的一段首先塌陷，不可能两端同时塌陷。这就使得列车可以在一端刚刚塌陷几厘米，而另一端仍然连接的情形下，驶过桥面，前提是列车车身也要非常短。我们应当这样理解小说家说的"高速行驶使重量消失了"这句话。

"活塞的进退是 20 次／秒"是不符合实际的，这相当于列车的行驶速度为 150 千米／小时，在凡尔纳所处的年代不可能有这样高的速度。

相似的情景也会出现在人们溜冰的时候：在冰很薄的地方，如果我们划过的速度较慢冰就会破裂，如果速度较快就可以冒险划过。

在拱桥上的运动也可以有高速度使重量消失这样的情况，车对桥的压力会在高速行驶的情况下有所减小。

4.4 三颗铁球

在一堵直立的墙面上画一个直径 1 米的大圆圈（图 4-7），然后把两个滑槽顺着顶点 A 装好。在顶点 A 处同时放三颗铁球，其中的两颗沿着滑槽滑落（假设没有摩擦和滚动），另一颗垂直降落。请回答，最先到达圆周的是哪一颗？

大多数人都会认为滑槽 AC 里的铁球会最先到达，因为 AC 距离最短。然后第二名会是 AB 滑槽里的铁球；而垂直降落的铁球会最晚到达。

可是，实验证实这三颗铁球到达的时间是一致的，上面分析的结论是不正确的。

实验分析可知：三颗铁球的运动速度是有区别的，其中垂直降落的铁球速度最快，其余两颗铁球在 AB 中的要比在 AC 中的速度快，因为滑槽 AB 要比 AC 陡峭。综上所述，有的铁球虽然路程较远，但是它的速度更大，这增加的速度对远出的路程正好是个很好的弥补，这一点我们可以通过计算来证实。

其实，在忽略大气阻力的情况下，我们可以通过公式：

$$AD = \frac{gt^2}{2}$$

求出垂直方向降落的时间 t，得出：

$$t = \sqrt{\frac{2AD}{g}}$$

滑槽中的运动时间，以滑槽 AC 为例可得出 t_1 为：

$$t_1 = \sqrt{\frac{2AC}{a}}$$

其中的 a 代表滑槽 AC 中的加速度。我可以很轻松的得出：

$$\frac{a}{g} = \frac{AE}{AC}$$

由此推出：

$$a = \frac{AE \cdot g}{AC}$$

根据图 4-7 可以得出：

$$\frac{AE}{AC} = \frac{AC}{AD}$$

由此推出：

$$a = \frac{AC}{AD} \times g$$

即可得出：

$$t_1 = \sqrt{\frac{2AC}{a}} = \sqrt{\frac{2AC \cdot AD}{AC \cdot g}} = \sqrt{\frac{2AD}{g}} = t$$

最后答案就是 $t_1 = t$，所以说滑槽中的铁球和垂直降落的所用时间相等。以滑槽 AC 推出的结果，其实适用于所有在 A 点引下来的滑槽。

上面题目的说法其实还有另外的一种形式。（图 4-8）在一个竖直的平面

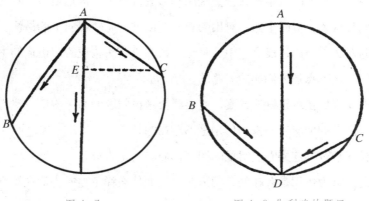

图 4-7 　　　　　　　　　　图 4-8 伽利略的题目

上，分别在 A，B，C 三点同时放上三个物体，使它们在重力作用下分别沿着 AD，BD，和 CD 方向运动。请问第一个到达 D 点的是哪一个？

这三个物体会在同一时间到达，对于这一点读者此刻可以轻松地得出结论。

伽利略在《关于两个新的科学学科的谈话》一书中，第一个提出了这个物

体落下的题目，而且做出了详细的解答。

关于伽利略对这个现象总结的定律，我们可以从这本书里读到："如果在地平线之上某一个竖直圆圈的最高顶点上，向圆周引出不同的斜面，物体通过这些斜面从顶上滑到圆周处，所需的时间相等。"

4.5 四块石头

把四块石头在同一时间，以相同的速度从塔的顶端分别抛向四个方向：正上方，正下方，左方和右方。在不计大气阻力的情况下，请回答在它们下落过程的任意时间，我们以这四块石头为顶点连一个四边形，这个四边形会是什么样的？

这四块石头会以风筝形状呈竖直四角形进行分布。这是很多人对此题的看法。他们都认为：对四个方向抛出的石头速度进行比较：向下的最快、向上的最慢、向左和向右的速度会居中。可是，由四块石头构成的四边形的中心点也是下降的，这一点是他们共同忽略的。

我们要轻松获得正确的答案，就要学会考虑问题的另一方面。我们可以首先做一个假定的情况——重力作用是不存在的。

这样任意时刻连接它们组成的图形都应当是正方形。

但是，重力作用是存在的，图形会变化成什么样子呢？物体在没有阻力的介质里，下落的速度是相同的。所以四块石头的下落速度相同，换句话说，它们始终会保持正方形的状态，只是会平行着向下移动。

因此正确的答案是它们组成的图形始终是正方形。

再来看另外一个相关的题目。

把两块石头以 3 米／秒的速度，在塔的顶端同时向上、下两个方向抛出。如果大气阻力忽略不计，请回答它们相互离开的速度是多少？

利用上一题的结论，我们可以轻松地得到结论：它们相互离开的速度是 3＋3＝6 米／秒。落下的速度是没有任何的实际作用的，这一点大可不必惊奇，其实在任何的天体包括地球、月球、木星等上面，都会有与它们的重力加速度无关。

4.7　抛球

向一个距离自己 28 米的队友抛球，只需 4 秒的时间就可以抛到他的身边。请回答这个球最高可以飞多高？

整个过程只用了 4 秒，这个球的水平和竖直方向的运动在 4 秒钟的时间里就完成了。根据力学上的知识，上升的时间等于降落的时间。也就是说，在这上升和降落共同的 4 秒钟里，有上升的 2 秒和降落的 2 秒。所以，球的降落距离是：

$$S=\frac{gt^2}{2}=\frac{9.8 \times 2^2}{2}=19.6 \text{ 米}$$

因此，球最高可以达 20 米左右。可见完全不用知道两人之间的距离，就可得出结果。

空气的阻力在速度不是非常快的情况下是可以被忽略的。

第5章

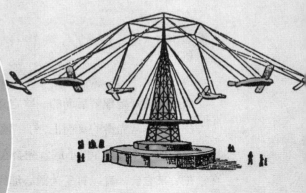

圆周运动

5.1 向心力

如果要更好地理解后面的一些定义，我们可以先看下面的例子。

在一个非常光滑的桌面上，钉一颗钉子，然后用细线拴一个小球。（图5-1）用力给小球一个速度 v。小球首先会在惯性作用下做直线运动，直到细线被拉直，在后来它会一直以钉子为圆心细线为半径，不停地做圆周运动。小球的细

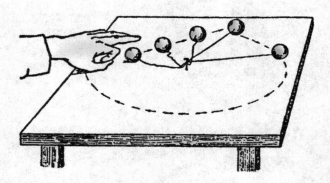

图 5-1 小球的圆周运动

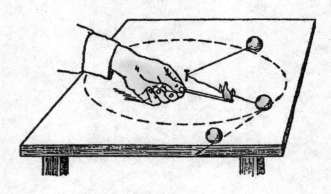

图 5-2 断线后，小球沿切线方向运动

线假如被火烧断（图 5-2），它就会在惯性作用下沿圆周的切线方向飞出去。这就好比在一个高速旋转的磨刀砂轮上，磨刀飞出的火星，这两个情景非常相似。小球之所以挣脱了向心力的束缚进行直线运动，是因为没有了细线的牵扯力。由牛顿第二定律，加速度和作用力的方向一致，大小是成正比的。所以，小球在细线牵扯力的作用下就会有一个指向圆中心（也就是钉子）的加速度。我们把这个牵扯着小球一直围绕圆心运动，使它不能随自己的惯性向远处飞去的力，叫做向心力，把由它所产生的加速度称作向心加速度。

假设细线的长度是 R，小球的圆周运动线速度是 v，那么向心加速度 $a=\dfrac{v^2}{R}$，根据牛顿第二定律，得出向心力：

$$F=\frac{mv^2}{R}$$

再让我们推导一下向心加速度的公式。如果小球在圆周运动过程中的 A 点时，细线被烧断。在惯性作用下，小球就会在 A 点沿着圆的切线飞出去。假如它到达 B 点所用的时间是 t（图 5-3），那么这一段的距离就是 $AB=vt$。但是如果小球是在向心力的作用下做圆周运动，它在 t 时间里到达的是 C 点。再由 C 点作 OA 的垂直线 CD，它的长度就是和向心力等值的力量作用

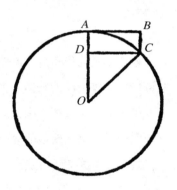

图 5-3 向心加速度的公式推论

在小球的上面使小球走出的距离。这可以根据初速度为 0 的匀加速运动的公式求得：

$$AD=\frac{at^2}{2}$$

公式中的 a 表示向心加速度。再根据直角三角形性质可以推出：

$$OC^2=OD^2+DC^2$$

$$CD=AB=vt$$

推出：

$$OD=OA-AD=R-\frac{at^2}{2},\quad OC=R$$

又推出：

$$R^2=(R-\frac{at^2}{2})^2+(vt)^2$$

最后得出：

$$Ra=v^2+\frac{a^2t^2}{4}$$

这只是小球在非常短的时间（小到几乎没有时间）里的运动，所以，与 Ra 和 v^2 相比较，$\frac{a^2t^2}{4}$ 的大小就可以忽略不计。我们就可以推论出：

$$a=\frac{v^2}{R}$$

5.2 宇宙中的最高速度

人造卫星为何不会从高空掉下来，应当是我们需要弄明白的事情。我们都知道任何飞离地面的物体，都会在地球引力的作用下，最后回到地球表面。人造卫星之所以不会掉下来，是因为卫星得到了一个大约8千米／秒的巨大速度，这是由运送卫星上轨道的多级火箭带给它的。

如果一般的物体也有了8千米／秒的速度，就会像人造卫星一样，落不回地面了。它只会在地球引力的作用下，围绕着我们的地球作封闭的椭圆运动。

人造卫星的运行轨道，只有在个别条件下，才会是以地球球心为圆心的标准圆。我们就是要推论一下这种情况下，卫星的圆周运行速度是多少？

假设人造卫星是在地球引力这个向心力的作用下，围绕地球做圆周运动。人造卫星的质量是 m，速度是 v，运行半径是 R，就可以得出地球引力 F：

$$F=\frac{mv^2}{R}$$

我们还可以利用万有引力得出：

$$F=\frac{kmM}{R^2}$$

其中的 M 代表地球质量，k 代表引力常数。所以：

$$\frac{mv^2}{R} = \frac{kmM}{R^2}$$

推论出速度：

$$v = \sqrt{\frac{kM}{r}}$$

假设地球的半径是 r，卫星距地面的高度是 H，（图 5-4），得出：

$$v = \sqrt{\frac{kM}{k+H}}$$

改变一下上面公式的写法，为方便计算。根据万有引力定义，可知 mg 就

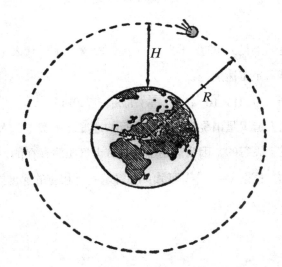

图 5-4　人造地球卫星的绕地飞行

是地球引力，所以：

$$mg = \frac{kmM}{R^2}$$

推论出：

$$kM = gR^2$$

因此，在距离地面 H 高的上空做圆周运动的物体，它的圆周运动线速度：

$$v = \sqrt{\frac{gR^2}{r+H}}$$

或者：

$$v=R\sqrt{\frac{g}{r+H}}$$

g 在这个公式里代表的是地球表面的重力加速度，这一点我们要特别谨记。

H 和 r 相比较非常的小，就可以将其忽略，所以公式又可以简写为：

$$v=r\sqrt{\frac{g}{r}}$$

或

$$v=\sqrt{rg}$$

在把地球赤道的半径 $r=6378$ 千米，和 $g=9.81$ 米／秒^2 代入上面的公式，我们就可以算出第一宇宙速度是：

$$v=\sqrt{9.81\times10^{-3}km/s^2\times6378km}\approx7.9km/s。$$

这个速度就是人造卫星围绕地球表面运行的速度。事实上，人造卫星是不可能在这样的轨道上飞行的，因为高空中还是有大气阻力存在的，还有地球的表面是高低不平的。根据 $v=\sqrt{\frac{kM}{R}}$ 可知：飞得越高，相应的速度就会越小。

5.3 如何增加自己的体重

"体重增加" 是我们经常送给被疾病缠身的亲友的祝福。如果只是为了增

图 5-5 转马游戏

加一点体重，直接告诉他去坐转马就行了（图 5-5），大可不必增加营养和注重健康。只要坐到转马上，就可以快速增加体重，这是坐在转马上面旋转的人无论如何也想不到的。到底能过增加多少，让我们粗略地计算一下。

图 5-6 转马车厢上的作用力

（图 5-6）我们把转马的中间旋转轴用 MN 代表，周围悬吊的车厢和里面的乘客围绕着 MN 做趋向于离开中心的圆周运动（在惯性作用下，有向圆周切线方向运动的趋势），就出现了图 5-6 的倾斜情况。乘客的体重 P 在这样的情况下，被水平方向的向心力 R 和顺着吊绳方向的力 Q 分解了。而此时乘客所感受到的自己的体重就是力 Q，数值等于 $\dfrac{P}{\cos\alpha}$ ，它要比真实的体重 P 大，我们可以清楚地看出来。根据向心力 R 求出力 P 和力 Q 之间的夹角 α。向心加速度为：

$$a=\frac{v^2}{r}$$

其中 v 代表车厢转弯的线速度，r 代表运动半径（车厢中心和 MN 的中间距离）。我们可以假定，半径 $r=6$ 米，转马的速度是 4 转／分，所以车厢每秒钟的运动距离是 $\frac{1}{15}$ 圈。则圆周速度为：

$$v=\frac{1}{15}\times 2\times 3.14\times 6\approx 2.5m/s$$

再来求向心加速度：

$$a=\frac{v^2}{r}=\frac{250^2}{600}\approx 104cm/s^2$$

根据加速度和力的正比关系，可以得出：

$$tg\alpha=\frac{104}{980}\approx 0.1\qquad 推出\ \alpha\approx 7^\circ$$

上面说过，$Q=\frac{P}{cos\alpha}$，所以推论出：

$$Q=\frac{P}{\cos 7^\circ}=\frac{P}{0.994}\approx 1.006P$$

如果让一个体重为 60 千克的人坐上转马，那么他的体重大约增加 360 克。

体重在这样转速比较低的转马上增加得不是很多，如果换成是高转速小半径的离心机，那它会增加很多，数目巨大。现在就有一种转速达到甚至超过 80 000 转／分的装置，我们称其为"超级离心机"。重量在这种装置上可以增加 25 万倍。把一滴重量只有 1 毫克的小水滴，放到这个装置上，它的重量就会变为 $\frac{1}{4}$ 千克。

为了对以后的星际航行作重要铺垫，现在人们就利用这种大型的离心机来锻炼自己对高强度超重状态的耐力。为了使被训练的人体验到所要的强度，我们只要调整半径和转速就可以了。经过对实验的总结，人们如果想在宇宙太空里安全地飞行，就一定要适应几分钟内自身 4 ～ 5 倍的超重过程，这也是在身体健康范围允许内的。

我们以后在对亲友表示祝愿的时候，应该要谨小慎微了，体重增加的话不应再说了，要改说增强体质了。

5.4 旋转的飞机

有个公园利用小孩们玩耍的转绳游戏想要修建一个旋转飞机，也就是在绳子的尾端装上飞机模型，还可以把绳子换成是杆子。这些飞机和乘客就会在绳子高速旋转的时候，被抛向空中然后旋转飞行。建设人员想象着要转速达到一定的要求，使绳子或者杆子可以水平飞行。但是当知道了人们的身体承受极限只是自身 3 ~ 4 倍的体重时，这个想法的设计就没有被采纳。绳子或者杆子只要稍微地倾斜就可以产生这样的重力作用，它们和竖直方向的最大安全夹角是可以通过计算的出来的。

我们可以再次的利用上节的图 5-6。在人的承受极限情况下，人造的重力 Q 和真实的体重 P 之间的比值不可以超过 3，也就是说 3 就是极限值，所以：

$$\frac{Q}{P} = 3$$

我们还知道：

$$\frac{Q}{P} = \frac{1}{\cos \alpha}$$

推出：

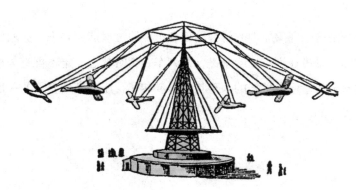

图 5-7 飞机转塔

$$\frac{1}{\cos\alpha}=3, \quad \cos\alpha=\frac{1}{3}\approx 0.33$$

得出:

$$\alpha \approx 71°$$

因此绳子能够倾斜的最大角度是 71°，换句话说，它和水平线之间的夹角最小要有 19°。

让我们看一下图 5-7 中的旋转飞机，它的绳子和水平线间的夹角相比极限值要差很多。

5.5 在列车上观察转弯

一个物理学家曾说过这样的一段话："当我坐在正转弯的列车上时，不经意间发现车窗外面的一切都变得倾斜了，树木、房屋，还有工厂的烟筒，等等。"

对于这样的现象，其实坐在高速行驶的列车上的乘客也可以经常看到。

这种现象并不是由于列车在转弯的过程中发生倾斜状态造成的，虽然在铺设轨道的时候在转弯的地方外面的铁轨要比里面的高一些。我们可以打开列车的车窗探出头去，以不倾斜的视角观察周围的一切，也会发现窗外的一切都倾斜了。

对于产生这个现象原因的解释，读者可能通过对前面知识的回顾已经有了自己的答案。悬吊在列车里的悬锤，在列车转弯时状态一定不再是竖直了。乘客原有的水平状态已经被新的水平状态所替代了，所以原本直立的一切现在都已不再是直立的了。[①]

---

①地面上的所有点都是伴随着地球的自转而做着弧线运动，所以悬锤即便是在组成密度非常大的地面上也不会真正地指向地心，除了在南北极点的时候例外，其他的时候它总会有一个不大的角度，这个角度在45°纬度上的时候最大，它的最大值是6′。

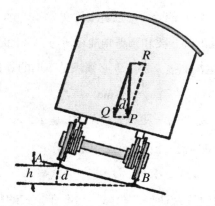

图 5-8 转弯车子的作用力，下面是路基的剖面图

我们在（图 5-8）中可以轻松地看出来，悬锤的新的悬吊方向。P 在图中代表重力，R 代表向心力。乘客现在感受到的重力是 Q，Q 的方向也正是列车上所有物体的跌落方向。它和竖直方向的夹角 α 可以通过公式 $tg\alpha=\dfrac{R}{P}$ 求出来。

因为力 R 和 $\dfrac{v^2}{r}$ 的正比关系，（其中 v 代表列车速度，r 代表转弯曲率半径，）还有力 P 和重力加速度 g 的正比关系，可以得出：

$$tg\alpha=\frac{v^2}{r}\div g=\frac{v^2}{rg}$$

假定列车的行驶速度是 65 千米／小时，折合为 18 米／秒，而曲率半径为 600 米，可以得出：

$$tg\alpha=\frac{18^2}{600\times9.8}\approx0.055$$

最后得出：

$$\alpha\approx3°$$

这个被我们认为是竖直方向的"仿佛竖直"[①] 的方向，实际上是已经偏离了原来的竖直方向 3°。当乘客坐在列车上经过山路和转弯时，有时候会觉得周围的竖直物体是倾斜了 10° 还要多。

①这只是乘客当时感受到的暂时的竖直方向。

在铁路转弯的地方，铁轨的外侧一般都要比里侧高，这是为了使列车在转弯的时候行驶平稳，高处的部分要和倾斜角度相适应。就上面的转弯例子来说，我们用 h 来表示外侧轨道的高度，那么 h 必须满足下面的等式要求：

$$\frac{h}{AB} = \sin\alpha$$

AB 表示两条铁轨间的距离，大约是 1.5 米折合 1500 毫米；$\sin\alpha = \sin 3° \approx 0.052$，把这些代入上面的公式可以得出：

$$h = AB\sin\alpha = 1500 \times 0.052 \approx 80 \text{ 毫米}$$

80 毫米就是外侧轨道应当高出的距离。只有在一定的行驶速度下，这个值才最合适，但是我们所修的铁路高度是一定的，所以这个数值我们应当根据普通的列车行驶速度来确定。

 ## 5.6 自行车赛道

对于铁路转弯时的轨道外侧比内侧高，我们一般用肉眼是看不出来的。可是这样的情况对于自行车的赛道就不一样了：它的内外高低会相差很多，因为它的转弯曲率半径非常小，可是参赛自行车的速度又不可能降低。例如，对于半径 100 米，速度在 20 米／秒（也就是 72 千米／小时）时的倾斜角度，我们可以通过下面的公式计算出来：

$$\text{tg}\alpha = \frac{v^2}{rg} = \frac{400}{100 \times 9.8} \approx 0.4$$

所以：

$$\alpha \approx 22°$$

这种对于自行车运动员来说非常平稳的道路，徒步行走的人是根本站不平稳的。汽车赛道的专用道路转弯的地方也是这样的，这样的设计都是为了满足由重力产生向心力的需要。

比这更加稀奇的事情我们还可以在杂技表演中看到，当然这也是符合力学

定律的。表演者的自行车可以在非常陡峭的圆筒中转圈，这个圆筒的半径只有 5 米或者比这还要小，车子在里面的速度是 10 米／秒，圆筒的倾斜度可以通过公式：

$$\text{tg}a= \frac{120}{5 \times 9.8} \approx 2.04$$

得出：

$$a=63°$$

在这样的情况下以此速度骑自行车，观众对演员的骑术和技巧肯定非常佩服，事实上，这才是最适合的速度。[1]

5.7 盘旋的飞机

对飞机在天空中急转弯高速倾斜飞行的情况，谁看了都会为飞机中的飞行员担心捏把汗。可是飞机里的飞行员却认为飞机是水平飞行的，他对于飞机的倾斜是没有感觉的。相反的，他会感觉到是地面变得倾斜了，还有自己的体重增加了。

在这个飞机急转弯的过程里，飞行员的倾斜角度是多少，他所感受到的自己的体重增长了多少，我们在此作一个粗略的计算。

依据计算的实际需要，我们要知道的数据：飞机急转弯飞行的速度 216 千米／小时，折合 60 米／秒；急转弯直径是 140 米（图 5-9）。所以根据下面的式子：

$$\text{tg}\alpha= \frac{v^2}{rg} = \frac{40^2}{70 \times 9.8} \approx 5.2$$

可以求出角 α：

---

[1] 《趣味物理学》（续编）中有关于自行车杂技的解说。

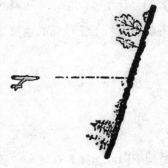

图 5—10 飞行员眼中的地平面，参考图 5—8

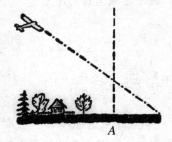

A

图 5—11 飞机速度 190 千米／小时的大半径飞行

图 5—9 旋转飞行的飞机

$$\alpha \approx 79°$$

理论上讲，飞行员在这个角度上看大地，不只是倾斜了，简直是要垂直了，还有 11°就到达了竖直位置。

事实上，可能是因为生理原因，大地在这种情况下发生倾斜的角度要比 79°小一些（图 5—10）。

对于体重的增加值，就是感觉体重和实际体重的比值的倒数，即两个力方向的夹角余弦值。这个角的正切值是 $\frac{v^2}{r}$：$g=5.2$。

利用三角函数的关系，可以得出余弦值为 0.19，求出它的倒数为 5.3。也就是说，飞行员此时感受到的重力是普通时候的 5 倍多。

图 5-12 图示了飞行员在图 5-11 这种情况下看到的地面倾斜情况。

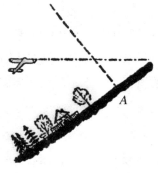

有时候，飞行员会因为体重的增加而受到致命的伤害。这样的事情以前就发生过：驾驶飞机以非常小的半径做螺旋下降飞行的飞行员，根本在座位上起不来身，手都无法自由地运动了。他的体重经过计算已经达到了原来的 8 倍，经过艰难的挣扎，他才可能捡回一条命。

图 5-12 飞行员的视觉效应

5.8 弯弯的小河

一般河流都会像蛇一样的弯弯曲曲，这是人们早就知道的事情。这并不都是地形造成的原因。有的河流在非常平坦的地区也是弯弯曲曲的。这真的是个非常奇怪的现象。河流在平坦的地区，为什么不是选择自然的直线方向呢？

这真的是非常意外的事情，经过深入的研究，我们会发现：直线流向的河流是最不稳定的，根本不可能存在，即便是在广阔的平原也是如此。只有在理想的情况下，河流才会是直线流向的，现实中这样的情况是绝不存在的。

我们可以想象有这样一条直线流向的小河，它所流经的土壤组成大致相同。这种直线的流向到底可以维持多长时间，我们可以证明一下。水流总会在经过

图 5-13 水流流经小河微微弯曲的地方

一个地方时，因为一个偶然的原因，例如说土壤的组成不同，发生偏移。结果会怎么样呢？它的直线流向还有可能继续吗？答案是不可能，这样的偏移只会越来越大。流经弯曲地方的水流（图 5-13），运动方向是曲线形状的，水流的惯性会使水不断地冲向凹入处 A 岸，同时远离凸出的 B 岸。只有出现相反的情况，水流的直线流向才会恢复：这就要有一个力使水不断地冲洗凸出的 B 岸，离开凹入的 A 岸。A 岸受到水的冲击，向里凹陷的深度加大，此处河流的弯曲程度就加大，离心力加大，对 A 岸的冲击加大……如此循环，即便是很小的弯曲，它也会逐渐地增大。

凹入的 A 岸一面水流速度要比凸出的 B 岸一面大，所以水流中的泥沙在凸出的 B 岸淤积得相对要多些，相反的情况正好发生在凹入的 A 岸，不但没有泥沙淤积，还会被冲走好多泥沙。

凸出的 B 岸因此会变得越来越平坦，凹入的 A 岸也因此变得越来越陡峭。

我们根本无法使小河避免发生弯曲，而即使细微的不经意的弯曲，也会使小河变得越来越弯曲，到最后就成了弯弯曲曲的了。

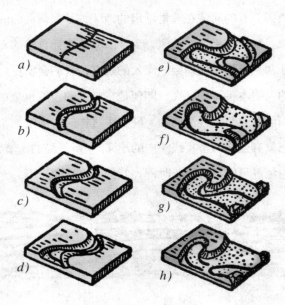

图 5-14 河床的变化图

河流的弯曲的进一步发展是很值得我们研究的。图 5-14 中的 a 到 h 就是河流弯曲过程的真实写照。第一步是轻微的弯曲（图 5-14a）；第二步形成了凹入和凸出的河岸（图 5-14b）；第三步河岸增大了（图 5-14c）；第四步河面加宽了，河床只是其中的一部分（图 5-14d）；第五步河谷的逐步发展，到图 5-14g 几乎成了一个环套（图 5-14e、f 和 g）；第六步到最后河流为自己在弯曲到几乎接近的地方打通了道路。在此冲刷而过，把凹入的部分抛弃不予理睬，成了后来的弓形沼泽或者牛轭沼泽——这就是河流凹入部分的死水（图 5-14h）。

在河水冲出的广阔的河谷里，为什么河流不是顺着中间或者一边流，而总是自一边冲向另一边（自凹入测冲向凸出侧）①，对于这一点读者其实自己就可以想得到。

河流的命运就这样被力学定律牢牢控制着。其实要经过很多很多年的变化才会发生上面的情况，这几乎是要用千年来计算的。但是和这相似，甚至比这要小的情况，只要我们用心观察，在每一年的春天都会看得到，例如，雪融化后在雪地上冲出的水流。

---

① 河流在地球引力的作用下，一般北半球的河流对右岸的冲击力较大；而南半球的河流对左岸的冲击力较大。地球的自转我们在这里就不再考虑了。

第**6**章

碰撞

6.1 对碰撞现象的研究

　　力学里有对物体的碰撞单独进行研究的内容。学生多是对此感到厌烦。这些内容对于学生来说不过是些难懂的公式，非常难理解，还非常不易记住，总的来说是在心底没有留下什么好的印象。可是内容却非常重要。在过去的一段时间里，对于两个物体碰撞的内容，人们曾经非常关注，大自然的好多其他事情都想用它来解释。

　　"想要完全弄清楚原因和作用两者关系的真实解释，我们就必须研究碰撞。"这是非常有名的自然科学家居维叶在19世纪时说过的话。也就是说假如原因无法用分子的相互碰撞来解释，我们就不可以说这种现象已经研究清楚了。

　　当然世界是不可能用这样的观点解释明白的：诸如电气、光学、地球引力等太多的现象，根本没有办法用此去解释。可是碰撞的研究在当今我们对大自然各种现象的解释还是有着非常重要的作用的。例如气体分子运动论，很多的现象在它看来都是由很多很多的分子相互碰撞无规则运动的结果，在我们日常生活中也经常发现过。有关机械和建筑所能承受的撞击负荷，都是通过对它们遭受撞击的组成部分的强度计算出来的。所以，这一章的力学内容还是要继续保留的。

6.2 力学的碰撞知识

　　有了对力学碰撞的研究，我们就可以对两个物体碰撞之后所产生的速度进行测算。相互撞击的两个物体是否具有弹性（碰撞后，两物体是否会弹开跳离），对这个速度的大小有很大的影响。

假如物体是没有弹性的，在撞击之后它们会取得相同的速度。我们可以根据物体的质量和撞击前的速度再利用混合法得出这个速度的大小。

我们把 3 千克单价是 8 元／千克和 2 千克单价是 10 元／千克的两种咖啡混合在一起，它们混合后的单价就会变成：

$$\frac{8 \times 3 + 10 \times 2}{3+2} = 8.8 \text{ 元}$$

同理，对于两个相撞的非弹性物体，其中的一个质量是 3 千克，速度是 8 厘米／秒；另一个质量是 2 千克，速度是 10 厘米／秒。它们碰撞后的速度就应当是：

$$u = \frac{3 \times 8 + 2 \times 10}{3+2} = 8.8 \text{cm/s}$$

把上面的两个质量分别用 m_1 和 m_2 代替，两个速度也分别换作是 v_1 和 v_2，两个物体非弹性碰撞后的速度公式就是：

$$u = \frac{m_1 v_1 + m_2 v_2}{m_1 + m_2}$$

如果我们把速度 v_1 的方向当作是正方向，公式中的 $+u$ 就表示两个物体碰撞之后的速度方向和 v_1 相同，$-u$ 表示和 v_1 相反。我们对于物体非弹性相撞只要牢牢记住以上的内容就可以了。

相撞的两个物体如果具有弹性，情况不会这样简单了：和没有弹性的物体一样，有弹性的物体相撞的部位也会发生凹陷，所不同的是，它的凹陷随即还会凸出来恢复原形。这样撞来的物体不但凹陷时要损失速度，就是凸出阶段也会损失速度。被撞的物体也是一样，除了在凹陷的时候增加速度，凸起时同样增加速度。速度较快的物体损失两次速度，速度较慢的物体增加两次速度，这就是我们要通过对弹性物体相撞的研究所要牢牢谨记的。明白了这一点，剩下的就是进行数学计算了。例如：v_1 是较快物体的速度，v_2 是较慢物体的速度，两个物体的质量分别是 m_1 和 m_2。两个物体如果是没有弹性的，碰撞后的共同速度是：

$$u = \frac{m_1 v_1 + m_2 v_2}{m_1 + m_2}$$

速度较快的物体损失的速度就是 v_1-u，速度较慢的物体增加的速度是 $u-v_2$。但是两个物体如果是有弹性的，那么它们的速度的损失和增加都是两次，这一点是我们都清楚的，所以得出 $2(v_1-u)$ 和 $2(u-v_2)$ 则两个有弹性的物体碰撞后的速度 u_1 和 u_2 分别是：

$$u_1=v_1-2(v_1-u)=2u-v_1$$

和

$$u_2=v_2+2(u-v_2)=2u-v_2$$

最后根据上面所说的代入 u 的数值即可以了。

以上是我们对两个完全弹性或者完全非弹性物体，这两种极端碰撞情况的研究。可是还有不极端的情形：两个物体不是完全弹性的，它们的形状在撞击之后并不能完全恢复。我们在以后的章节中会再细谈这一情况，在这里只了解上面的知识就可以了。

下面有一个十分简洁的规则，是对弹性碰撞情况的总结，我们可以了解一下：相互碰撞的两个物体在碰撞之后相互离开的速度，和碰撞前相互接近的速度相等。简单的说就是：

两物体碰撞前互相接近的速度是 v_1-v_2

两物体碰撞后相互离开的速度是 u_1-u_2

所以就可以得出：

$$u_2-u_1=2u-v_2-(2u-v_1)=v_1-v_2$$

这个等式使我们更加清晰地认识了弹性碰撞，轮廓更加清晰了，它所表达的性质非常重要。不仅如此，它还向我们透露出另外一层意思。在上面的描述中我们曾经用到了"撞来的物体"和"被撞的物体"，"高速度的物体"和"低速度的物体"，这些描述的参照物都是两个撞击物体之外的第三个物体。可是我们在本书第一节里讲到的两个鸡蛋碰撞的题目，其中的两个鸡蛋是可以相互换位置的，这并不影响最后结果，它们之间撞来和被撞没有什么差别。可是如果把本小节里的相互碰撞的两个物体互换一下，会不会影响到我们的计算结果。

互换之后是不会影响到计算结果的，我们可以轻松地看到这一点。这是因为两个物体在相互碰撞前的速度差是不会发生改变的。由此得出两个物体在相互碰撞之后的速度差也是不变的，且与碰撞前的速度差相等，即 $u_2-u_1=v_1-v_2$。

下面的一些数据是关于完全弹性物体碰撞的，非常有意思。有两个 7.5cm 左右直径的钢球，它们相互碰撞的速度是 1 米／秒时，可以产生 1500 千克的压力；相互碰撞的速度增加至 2 米／秒后，压力增加至 3500 千克。在以 1 米／秒的速度相互碰撞时，接触点圆的半径是 1.2 毫米；以 2 米／秒的速度碰撞时半径是 1.6 毫米。两种速度碰撞延续的时间大约是 1/5 000 秒。钢球之所以在这样大的压力（15 ~ 20 吨）下毫发无损，正是由于碰撞的时间特别短之故。

相对于小球来说，撞击的时间短是正确的。我们可以通过计算知道，假如钢球的大小像半径 10 000 千米的行星，他们互碰的速度是 1 厘米／秒，那也要碰撞 40 小时。此时它们相互的压力可达 4 万吨，接触点的半径也可达到 12.5 千米！

6.3 皮球的弹性

我们在实际的计算中很少能直接用到前一节里提到的物体撞击的公式。我们在实际生活中几乎见不到"完全弹性"或是"完全非弹性"的物体。很大一部分的物体是不完全弹性的，它们既不属于前者，也不属于后者。就拿皮球来说。也不怕被古代寓言作者笑话，我们可以扪心自问一下"皮球到底是一件什么样的东西？站在力学研究的角度，它是属于完全弹性呢，还是属于非完全弹性?

有一种非常简便的方法可以检验球的弹性:只需要它在坚硬的地面之上一定的高度落下即可。如果它可以弹回原来的高度,它就是完全弹性的;如果根本无法弹起,它就是完全非弹性的 。物理学对这一点已经认识得非常清楚了。

可是对于属于非完全弹性的皮球,它会发生什么样的情况呢?只有把弹性碰撞的研究再深入一下,才可以很好回答地这个问题。皮球接触到地面以后,接触的部位会被压扁,这使得球的速度会有所降低。皮球到这一刻发生的情况和非弹性物体是一致的。换句话说,它此时损失的速度是 v_1-u,运动的速度是 u。可是凹入的部位随即又再次地凸起,这就会产生一个对地面的作用力,反作用力会作用在球上面,再次降低球的速度。如果球凸起的部分和原来凹入的部分是一样的,所发生的情况就和凹入时正好相反,所以损失的速度也应当相等,同样是 v_1-u,最后这个完全弹性的皮球总共损失的速度是 $2(v_1-u)$,运动速度变为:

$$v_1-2(v_1-u)=2u-v_1$$

可是实际上皮球不是完全弹性的,也就是说皮球在压力作用下变形后,不可能恢复到和它原来完全一样的形状。在它恢复时的压力要比开始变形时的压力小。和它对应的,恢复时损失的速度要比最初变形时损失的速度小,不是等于 v_1-u,而是它的一部分,我们用恢复系数 e 来表示这个值。于是,在发生弹性碰撞的时候,第一次变形时损失的速度是 v_1-u,第二次恢复时损失的速度是 $e(v_1-u)$。整个过程失去的速度是 $(1+e)(v_1-u)$ 最后运动速度是:

$$u_1=v_1-(1+e)(v_1-u)=(1+e)u-ev_1$$

对于被皮球撞到的地球,它会在皮球的撞击力下产生一个速度 u_2,它的数值等于:

$$u_2=(1+e)u-eu_2$$

前后速度差 (u_2-u_1) 是 $ev_1-ev_2=e(v_1-v_2)$,我们由此可以求出恢复系数。

$$e=\frac{u_2-u_1}{v_1-v_2}$$

因为地球相对于撞击来的皮球可以看作是固定不动的，即 $u_2=0$，所以

$(1+e) u-ev_2=0$，得出 $v_2=0$

恢复系数就是

$$e=-\frac{u_1}{v_1}$$

负号表示 u_1 和 v_1 方向相反

因为皮球跳起后的速度 $u_1=\sqrt{2gh}$，其中的 h 是皮球跳起的高度，而 $v_1=\sqrt{2gh}$ 中的 H 是皮球下落的高度，所以：

$$e=\sqrt{\frac{2gh}{2gH}}=\sqrt{\frac{h}{H}}$$

这就是皮球的恢复系数，皮球非完全弹性的非完全程度就是用它来表示的。求这个系数的方法非常简洁，只要对球落下和跳起的高度进行一下测量，然后把两个数值的比开方就可以了。

一个性能非常好的网球如果落下时的高度是 $250cm$，那么它所能跳起的高度应当是 $127 \sim 152cm$（图6-1），运动规则对这一点是有规定的。所以网球的恢复系数的范围就是 $\sqrt{\frac{127}{250}}$ 到 $\sqrt{\frac{152}{250}}$，大约是 0.71 和 0.78 之间。

我们可以做几个运动员非常好奇的计算，就取其系数的中间值 0.75，也就是以弹性是 75% 的球举例。

250厘米

140厘米

图6-1 弹力好的网球在250厘米高的地方落下可以弹起140厘米高

题目一: 使这个球在高 H 的地方落下来,请回答它在第二次,第三次及往后每一次的跳起高度是多少?

这个球第一次跳起的高度,我们可以通过下面的公式求得:

$$e=\sqrt{\frac{h}{H}}$$

把 $e=0.75$ 和 $H=250cm$ 代入公式:

$$0.75=\sqrt{\frac{h}{250}}$$

即可得出第二次跳起的高的 $h \approx 140cm$

再由第二次从高 $140cm$ 落下的时候跳起的高度我们可以用 h_1 表示,根据公式得出:

$$0.75=\sqrt{\frac{h_1}{140}}$$

即可得出第二次跳起的高的 $h_1 \approx 79cm$。

如此类推球第三次跳起的高度 h_2 通过公式可以得出:

$$0.75=\sqrt{\frac{h_2}{79}}$$

得出第三次跳起的高度 $h_2 \approx 44cm$。

之后我们就不在一一演绎了。

如果这个球落下的高度是 $H=300$ 米(埃菲尔铁塔的高度),在空气阻力忽略不计的情况下,首次跳起高度会是 168 米,下次是 94 米……(图6-2)现实中空气阻力是非常大的,因为球的速度很大。

题目二: 在高度 H 落下的这个球,跳动的时间是多少?

根据公式我们可以得出:

$$H=\frac{gT^2}{2} \qquad h=\frac{gt^2}{2} \qquad h_1=\frac{gt_1^2}{2}$$

即可得出:

$$T=\sqrt{\frac{2H}{g}} \quad t=\sqrt{\frac{2h}{g}} \quad t_1=\sqrt{\frac{2h_1}{g}}$$

跳起的总时间即等于：

$$T+2t + 2t_1 + \cdots$$

也就得出：

$$\sqrt{\frac{2H}{g}} +2\sqrt{\frac{2h}{g}} +2\sqrt{\frac{2h_1}{g}} +\cdots$$

经过一番计算之后，它们的和就是：

$$\sqrt{\frac{2H}{g}}\left(\frac{2}{1-e}-1\right)$$

如果我们用 H=2.5 米，g=9.8 米／秒，e=0.75 代入上面的公式就可以计算出跳起的总时间是 5 秒，换句话说球会一直跳动 5 秒钟左右。

这个球如果是在埃菲尔铁塔的高度落下来的话，忽略空气阻力不计的情况下，它会一直跳动 1 分钟左右，再准确一些就是 54 秒钟。当然前提是球在着地的时候没有被撞破才好。

在只有几米的高度落下的球，没有太大的速度的情况下，受到的大气阻力也不会太大。这可以通过一个实验证实，一个皮球的恢复系数是 0.76，让它在高度 250cm 的地方落下。在忽略大气阻力的情况下，它会在第二次跳起 84cm；在现实中它会跳起 83cm，我们可以从中看出，这过程中其实受到的空气阻力非常小。

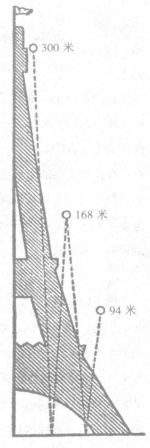

图 6-2 在埃菲尔铁塔顶部落下的球可以弹起多高

6.4 木槌球运动

我们在力学上说的"正碰"和"对心碰",就是对木槌球和一个静止不动的球撞击情形的很好描述。在发生撞击时,撞击方向和通过撞击点球的直径方向两者是重合的。

在撞击之后的情况会是什么样的呢?

假设有两个质量相同的球,如果它们是完全非弹性的,撞击之后的两者的速度是相等的,都等于撞来球速度的 $\frac{1}{2}$。这一点可以根据 $m_1=m_2$, $v_2=0$,然后将其代入公式

$$U=\frac{m_1v_1+m_2v_2}{m_1+m_2}$$

就可以知道了。

但是,如果它们是完全弹性的。这里的计算让我们留给读者,在此说一下结果——它们的速度会发生和开始完全相反的结果,撞来的球在撞击后速度会变为 0,而被撞击的球会以撞来那个球的速度,向着撞击方向运动。这和打弹子时两个象牙球碰撞的情况十分的相似,不过象牙球的恢复系数是 $\frac{8}{9}$,这是非常大的。而木槌球的恢复系数相比要小得多,只有 $\frac{1}{2}$。所以两个象牙球撞击的结果和木槌球是不完全一样的。两个球在撞击后都是运动的,不过两者的运动速度是不一致的——被撞的球会跑在撞的球的前面。有关碰撞的公式可以使我们更好地理解这次撞击的情况。

读者其实已经知道了计算的过程,恢复系数是 e,则撞击后的两个球的速度 u_1 和 u_2 分别是:

$$u_1=(1+e)\ u-ev_1 \qquad u_2=(1+e)\ u-ev_2$$

其中公式里的 u 等于:

$$u=\frac{m_1v_1+m_2v_2}{m_1+m_2}$$

而我们知道，$m_1=m_2$，$v_2=0$，代入上式，即可得出：

$$u=\frac{v_1}{2} \qquad u_1=\frac{v_1}{2}(1-e) \qquad u_2=\frac{v_1}{2}(1+e)$$

推论出：

$$u_1+u_2=v_1 \qquad u_2-u_1=ev_1$$

对于这次撞击的情况，现在我们可以事先准确地进行描述了：撞来的木槌球的速度在撞击时被两个球分配了，被撞击的球获得了更快的速度，所快的是去撞来的球的原来速度的 e 倍。

例如：如果恢复系数是 0.5，静止被撞的球获得的速度是撞来球速度的 $\frac{3}{4}$ 倍，撞来的球会以原来速度的 $\frac{1}{4}$ 倍跟在后面运动。

6.5 列车和马车的相撞

在大作家托尔斯泰的著作《读本第一册》里，曾提到了下面这样一则故事：

在铁路和马路交叉的地方，有个汉子正赶了一辆载满重物的马车停在那里。一边的车轮已经脱落了，马根本就拉不动。不远处一辆列车正高速行驶过来。"赶快停车！"列车里的乘务员大声向列车司机喊道。对于汉子根本没有办法使马拉开马车，自己又没有力气把它挪开，还有就是高速行驶的列车也不可能立刻就静止下来这三种情况司机都想到了，所以司机并没有照乘务员说的做。与此相反，他是用列车的最大行驶速度冲向了马车。汉子被这一情况吓得赶紧跑开了，马和马车被像木片一样撞飞出去。而列车的自身好像没有任何的影响，毫不减速地开走了。"这次只是有一匹马和一辆马车被我们撞飞了。如果我照你说的做，受到伤害的将是我们自己和整车的乘客。我们在高速行驶时和马车碰撞，只能是马车被撞飞，列车本身不会发生问题，但是如果是低速行驶时发生这样的情况，出轨的就会是列车。"

力学的知识可以用来解释这件事情吗？这其实是两个非完全弹性物体的撞击情况，而且被撞的马车开始不是运动的。我们可以假设列车的质量和速度分别是 m_1 和 v_1，马车的质量和速度分别是 m_2 和 v_2，其中可知 $v_2=0$，根据公式我们可以得出：

$$u_1=（1+e）u-ev_1 \qquad u_2=（1+e）u-ev_2$$
$$u=\frac{m_1v_1+m_2v_2}{m_1+m_2}$$

最后一个式子的分子和分母同时除以 m_1 即得：

$$u=\frac{v_1+\frac{m_2}{m_1}v_2}{1+\frac{m_2}{m_1}}$$

我们知道马车的质量和整个列车的质量比起来是微乎其微的，我们可以把 $\frac{m_2}{m_1}$ 看做是 0，由此可以得出：$u \approx v_1$

代入公式：

$$u_1=（1+e）u-ev_1$$

得出：$u_1 {=} v_1$

也就是说列车在发生撞击之后速度不会受到什么损失，列车中的乘客对这次撞击也就不会有什么感觉。

但是马车在被撞击后的速度 $u_2=（1+e）u-ev_2$，是列车原来速度的（1+e）倍。发生撞击前列车的速度越高，马车瞬间获得的速度就越大，同时受到的破坏力也就越大。这一点有很重要的意义：要想避免列车发生事故，列车必须有足够大的碰撞力量，能让马车克服所受的摩擦力，从而离开铁轨。如果马车获得的碰撞能量不足以使自己克服摩擦阻力发生移动，它就会停在原地给行驶过来的列车造成严重的事故。

所以，列车司机没有停车而是为列车提速的做法是正确的：这样做不仅可以是列车本身不受到强烈的震动，还可以使马车在轨道上离开。我们应当明白，列车在托尔斯泰所述故事发生的年代行驶速度是非常低的。

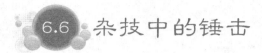

6.6 杂技中的锤击

即便是很有修养的人，也会被杂技表演中的锤击项目所震撼。把一块非常重的大石头压在一个平躺的演员身体上，然后由另外的两个演员高高的抡起大锤去砸这块大石头（图6-3）。

图6-3 大石头被两个演员用力打碎

这样强烈的打击一个活生生的人怎么能够承受，而且毫发无损，我们每一个人对此一定都感到非常惊奇。

但是，我们可以通过弹性物体的碰撞定律了解到，和大锤相比这个大石头的质量越大，那么撞击后它所得到的速度就越小。换句话说，它所带给人的震动感就越小。

$$u_2=2u-v_2=\frac{2(m_1v_1+m_2v_2)}{(m_1+m_2)}-v_2$$

以上就是弹性碰撞中被撞物体的速度公式，其中 m_1 代表大锤的质量，m_2 代表大石头的质量，它们碰撞之前的速度分别是 v_1 和 v_2。我们已经知道大石头的速度是0，所以上面的公式就可以写成：

$$u_2=\frac{2m_1v_1}{m_1+m_2}=\frac{2v_1\times\frac{m_1}{m_2}}{\frac{m_1}{m_2}+1}$$

分子分母都除以 m_2，如果大石头的质量 m_2 要比大锤的质量 m_1 大很多，那么 $\dfrac{m_1}{m_2}$ 的数值就非常的小，分母中就可以忽略不计。所以得出大石头的被撞速度是：

$$u_2 = 2v_1 \times \frac{m_1}{m_2}$$

这和大锤的速度相比是极其小的。[①]

我们可以拿大石头的质量是大锤的 100 倍的情况来分析，那么此时大石头的速度只有大锤速度的 $\dfrac{1}{50}$：

$$u_2 = 2v_1 \times \frac{1}{100} = \frac{1}{50}v_1$$

要使得锤击的作用能够传递到身体上，就必须要用很大的力气才可以，这是实际中每个锻工都要知道的。压在演员身上的大石头越重，对演员的安全就越有好处，我们现在应当都知道这是为什么了。胸口可以毫发无损地承受住这一重量是演出最要紧的地方。这个其实是可以做到的事情，只要我们把大石头的底部做成特殊的形状，使它不至于只有小部分和演员的身体接触就可以了。如此一来，大石头和演员的接触面积增大了，在单位面积上对演员的压力就会减小很多。我们也可以把一层材质较软的薄垫隔在大石头和人体的中间。在大石头的重量上，演员是大可不必欺骗观众的，但是对于大锤的质量还是有必要作假的。也许是因为这个原因吧，杂技团里的大锤其实并没有多沉重，并不像人们想象的那样。例如大锤可以是空心的，当然在观众的眼里它依然是沉重的大铁锤，它捶下去的力量依然很大，但对大石头产生的震动，因大锤摇晃变轻，就大大地减弱了。

---

①我们现在假设的是大锤和大石头都是完全弹性的，读者可以再通过把它们都看作是非完全弹性的物体再次地进行计算，会发现结果没有什么大的变化。

第7章

略谈强度

7.1 测量海洋的深度

　　我们把海洋的深浅平均计算一下，大概有 4 千米左右的深度。当然深的地方要比这个深度大一倍多，它大概有 11 千米左右，我们之前也曾提过这一数字。我们要把 10 千米以上长度的金属丝放到它的底部才能测量出它的具体深度。可是这 10 千米金属丝的重量是非常大的，这样的重量会不会使它断掉呢？

　　这个问题真的很有意思，对这个问题的计算和证明非常具有现实意义。例如，我们可以用 11 千米的铜线来计算。铜线的直径是 D 厘米，由此推出体积就该是 $\frac{1}{4}\pi D^2 \times 11\,000\,00$ 立方厘米。铜在水里的重量大约是 $1cm^3$ 重 8 克，这我们是都知道的，所以这 11 千米的铜线在水里重 $\frac{1}{4}\pi D^2 \times 11\,000\,00 \times 8 \approx 69\,000\,00 D^2$ 克。

　　如果铜线的直径是 3 毫米，折合 0.3 厘米，那么它的重量就是 620 000 克。620 千克也就是 $\frac{5}{3}$ 吨的重量，这样粗细的铜线能承受吗？这道题目到此处我们可以先放放，下面重点讨论一下什么样的力量可以使金属丝和杆断裂。

　　力学里有一门称为"材料力学"的学科，里面的内容让我们知道，使得金属丝和杆断裂的力的大小是和金属丝和杆的组成材质，横截面积的大小，以及

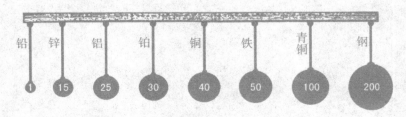

图 7-1 各种材料的抗断强度表

受力方向息息相关的。其中和横截面积的关系最简单，它们是成正比的关系。通过实验我们已经测得了，当横截面积是 1 平方毫米的时候，各种材料所需力的拉断值，我们称其为抗断强度表，它一般都被附在各类工程手册的后面。图 7-1 是这个表的实物表示法。我们可以通过这个表看出来，只要用 2 千克的力才可以拉断一根截面积是 1 平方毫米的铅丝，要用 40 千克的力才可以拉断同样粗细的铜丝，而青铜丝要 100 千克……

但是，在施工过程中杆所受的力是远远要小于这个数值的。只有如此，这个建筑结构才是坚实牢固的。虽然有些材料的缺陷是非常细小，用肉眼无法看到，但是这些缺陷经过震动和温度的变化就有可能使负荷超载，杆因此就会断裂，继而破坏结构。所以我们一定要有一个断裂负荷之下作用力的安全值，这应当依据材料的受力环境而定，可以取断裂负荷的几分之一，例如：$\frac{1}{4}$，$\frac{1}{6}$……我们称其为安全系数。

现在回到我们刚才的议题上。我们要用多大的力才可以把直径 D 厘米的铜线拉断呢？我们可以算出它的横截面积是 $\frac{1}{4}\pi D^2$ 平方厘米折合 $25\pi D^2$ 平方毫米。需要有 40 千克的力才可以把直径 1 平方毫米的铜线拉断，这在图 7-1 中可以查到。所以要拉断上面的铜线，就要有 $40\times25\times\pi D^2=1000\pi D^2=3140D^2$ 千克的作用力。但是铜线本身的重量是 $6900D^2$，这比 $3140D^2$ 大一倍还要多。所以我们说测量海洋的深度是不可以用铜线的，不用说什么安全系数了，就在 5000 米上的时候铜线的重量就把自己拉断了。

7.2 悬垂线的材料

总的来说，极限长度是每一根金属丝都有的，因为每到这个长度金属丝都会被自己的重力拉断。随意长短的悬垂线更是不可能有的，它的长度总要有一个上限。我们还要说明的是，对金属丝加粗是没有用的，加粗的金属丝固然可以使直径可以增加 4 倍的承受力，可是它的自身重量也同时增加了 4 倍呀！所以说金属丝的粗细根本影响不到它们的极限长度，它的构成材料决定了一切。例如铁，承受一个极限长度；铜承受的是另外一个极限长度；铅所承受的又会是两者之外的一个极限长度。这个极限长度的计算方法其实非常简单，我们经过了上一节的推论，详细地解说就可以省略了。如果有一根长 L 千米，横截面积是 s 平方厘米，且每 1 立方厘米重 p 克的金属丝，重量即是 100 000sLp 克；它 1 平方毫米的断裂负荷是 Q（单位是千克），那么它所能承受的重量就是 1000$Q \times 100s$＝100 000Qs 克。所以极限情况下：

$$100\ 000Qs = 100\ 000sLp$$

由此推算出极限长度是：

$$L = \frac{Q}{p}$$

各种材料的金属丝或者线的极限长度我们都可以通过这个简洁的公式轻松地计算出来。铜线在水里的极限长度我们通过上面的计算已经知道了，在水外的是 $\frac{Q}{P} = \frac{9}{40} \approx 4.4$ 千米，比水里要小。

还有几种金属丝的极限长度我们下面列了出来：

铅丝是——200 米

锌丝是——2.1 千米

铁丝是——7.5 千米

钢丝是——25 千米

当然现实中的悬垂线是不可能有这么长的，这种负载是在安全系数之外的。必须使它们的受力在断裂负载之内，例如，铁丝和钢丝的力量只能是断裂负载的 $\frac{1}{4}$。所以现实中使用的悬锤铁丝的长度一般都在 2 千米之内，钢丝也都在 6.25 千米内。

假如是把铁丝和钢丝都在水里垂着，那么它们的极限长度还可以加长 $\frac{1}{8}$。

尽管如此，10千米的海底它们还是到达不了的。这样的深度也只有特种型号的专用钢丝才可以。[1]

7.3 强度最好的材料

镍铬钢是高强度材料中的一种，它的抗断强度是250千克。

图7-2可以帮助我们很好地理解这个概念，它表示有一根直径比1毫米稍稍粗一点的钢丝下面挂一只猪。用这种材料制成的金属丝就可以用来测量海洋的深度。这种钢丝的安全系数是 $250 \times \dfrac{1}{4} = 62$ 千克（也就是1平方毫米的安全负载），而在水中其1立方厘米的重量是7克，所以它的极限长度是：

$$L = \frac{62}{7} = 8.8 \text{ 千米}$$

8.8千米虽说还到不了海洋的最深处。但是我们只要用稍小一些的安全系数，谨慎地使用这种钢丝测量，就可以达到海洋最深处的海底。

同样的困难还会出现在对高空进行测量的时候。举例说明：当我们用纸鸢带着测量仪上升到9千米或者更高空的时候，此时不但钢丝本身的自重用力扯着钢丝，还有风对钢丝和纸鸢的压力（纸鸢的大小2米×2米）。

图7-2 一头250千克的猪被吊在截面是1平方毫米的镍铬钢丝上

①我们现在对海洋深度的测量都是用回声系统来做的，根本用不上任何材料的金属丝，这在《趣味物理学》第十章中有详细的讲解。

7.4 头发的强韧度

　　人的头发的强韧度仿佛怎么看也只能和蜘蛛丝去进行比较。可现实是一根只有 0.05 毫米粗细的头发，却可以承受 100 克的重量，这比很多的金属丝还要强韧。那么 1 平方毫米的头发到底可以经受多大的重量，让我们来计算一下。圆的直径是 0.05 毫米，则面积等于 $\frac{1}{4} \times 3.14 \times 0.05^2 \approx 0.002$ 平方毫米，（$\frac{1}{500}$ 平方毫米）换句话说，横截面积是 $\frac{1}{500}$ 平方毫米的头发可以经受住 100 克的力量，当横截面积是 1 平方毫米是它可以承受的力量就是 50000 克，折合 50 千克。把这个数值放入图 7-3 的表格中，我们可以看出头发的强韧度在铁和铜之间。

　　因此，头发的强韧度虽没有铁、青铜和钢的好，但是要比铅、锌、铝和铜的高。

　　图 7-3　200 000 根头发辫能承受 20 吨的重量，也就是说，女子的发辫可以吊起一辆满载的卡车

由此，我们就有必要相信《萨兰博》中所写的话，它的作者在里面叙述时说，古时候的迦太基人认为做投掷机牵引绳的最好的材料就是妇女的头发。

7.5 为什么要用管子来做自行车车架

横截面积相同的管子（环形截面积）和实心杆两个相比较，管子在强度上有什么突出的优点吗？如果是就抗压和抗断的强度方面来谈这个问题，管子可以说毫无优点，要压裂和拉断管子和实心杆所需的力量是一样的。可是在抗弯的方面，它们就不一样了。要把一根管子弄弯曲，与弄弯曲一根和它横截面积相同的实心杆相比，所需的力量要大得多。

很久以前，为强度科学奠定基础的伽利略对这一点，就曾说过一段精辟的话。我要在下文中引用伽利略在《关于两门新科学的谈话和数学证明》中的一段话。希望读者可以理解我对这位在科研方面有着突出贡献的学者的偏爱。

"对有关非实心物体抗力强度的意见，我还要说几句，这种非实心的固体一直都在被我们人类的技艺（技术）和大自然利用着。这种物体想要增加自己的强度可以不必同时增加自己的重量，鸟类的骨头和芦苇就是在这一点上的最好见证。虽然它们都没有太大的重量，但是抗弯和抗断力都很强。麦穗的重量要比麦秆的重很多，但是仍然被麦秆所支撑。假如用相同重量的实心麦秆所代替，那它就不会有这么大的抗弯和抗断力。非实心的棒子和木头还有金属管子的强度，要比同样重量实心的物体高好多，但是非实心和实心相比较要粗很多，这一点是人们早就发现并用实验证实了的。这个结果被人类的技艺应用到了很多东西的制造上，用空心制造的这些东西既轻巧又耐用。"

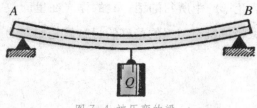

图 7-4 被压弯的梁

要弄懂空心物体的坚硬度为什么会比实心的大，我们首先要对大梁在弯曲的时候会产生什么样的应力来进行一下研究。（图7-4）一个两端 AB 被支起的梁，重力 Q 作用在中间。这时发生的变化是，梁在这个重力 Q 的作用下变得弯曲了。因此梁的下部被拉伸了，上部被压缩了，而处在中间的一层，我们可以称之为中间层，无论是拉伸还是压缩都没有影响到它。这个时候就会在下部和上部同时产生反拉伸和反压缩的弹性力，这个力努力想使梁恢复原来的形状。在弹性极限允许的范围内，这个弹性力会随着梁的弯曲程度的增加而增大。什么时候这个弹性力和力 Q 分解的压缩和拉伸力相等了，梁就会停止弯曲。

经过分析我们知道，梁的最上层和最下层抗弯曲的作用力最大，越是向中间层靠近，这个抗弯曲的作用就越小。

所以要使梁的强度有所增加，就要使组成材料远离中间而靠向两边。例如，工字梁和槽梁（图7-5）的组成材料就是这样分布的。

桁架在节省材料这方面要比工字梁做得更加到位。因为中间几乎全部的材料都被除去了，用杆 AB 和 CD 连接着杆 a、b、c、……、k 所替代，所以桁架（图7-6）非常的轻便。由上面的内容读者可以知道，在负重 F_1 和 F_2 共同作用下，AB 被拉伸，而 CD 被压缩。

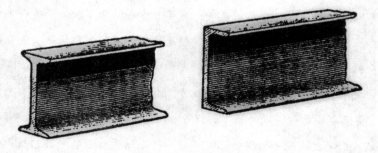

图 7-5 工字梁和槽梁

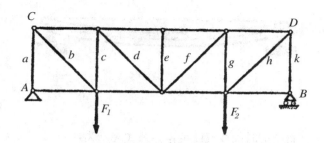

图 7-6　桁架构造图

通过上述原理，管子为什么要比实心杆好用，读者应当清楚了吧。我们再用数字来说明一下。这里有一根管子，和一根同它长短相同的实心圆梁。管子的环形截面积和实心梁的横截面积相等。它们当然有着相同的重量。可是两者的抗弯力是不一样的：我们可以通过计算得知，管子梁 的抗弯力比实心梁大一倍多，大约大 112%。

7.6　七根树枝

绥拉菲莫维奇在他的《在夜晚》中曾写道："朋友们，我们如果把一把扫帚解开，零散着就可以一根根地折断；但是如果不解开，我们还能折断吗？"

我们都知道这个年代久远的寓言故事叫做七根树枝。为了让儿子们能够和睦地生活，父亲想到了让他们折断绑在一起的七根树枝的方法。儿子们一个个地使劲用力，却没有一个成功的。父亲随后接过了这七根树枝，然后把它们解开，再然后一根一根地折断了。

以力学的强度观点来看，这是个很有意思的寓言故事。

力学上的挠度 x（图 7-7）是专门用来表示杆的弯曲大小程度的。梁的挠

①管子的内径和实心梁的直径相等。

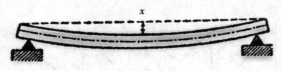

图 7-7 绕度 x

度 x 大小和离开折断的时间成反比关系。公式表示为：

$$挠度\ x= \frac{1}{12} \times \frac{Pl^3}{E \pi r^4}$$

其中的 p 代表杆上的受力；l 代表杆的长短；π 代表圆周率 3.14；E 代表弹性性质；r 代表杆的半径。

上面的七根树枝可以用这个公式计算一番。七根树枝就如图 7-8 所示的样子被绑在一起，端面也有所显示。假如我们把这七根树枝绑的非常紧，那么就可以把它们假想成是实心的，这虽说是想象，但是我们的答案要求也不是非常精确。从图上我们可以很容易看出，这束被绑在一起的树枝，直径是原来一根的三倍。特此说明，弯曲或者折断整束树枝要比弯曲或折断单根的树枝难很多倍。假如要使两种情况获得相同的挠度，对一根树枝的作用力是 P，对整束树枝的作用力是 p，那么 $\frac{P}{p}$ 的值可以有下面的等式得出：

$$\frac{1}{12} \times \frac{pl^3}{E \pi r^4} = \frac{1}{12} \times \frac{pl^3}{\pi E(3r)^4}$$

所以：

$$p= \frac{P}{81}$$

如此可得，父亲只要用儿子 $\frac{1}{81}$ 的力量，折七次就可以了。

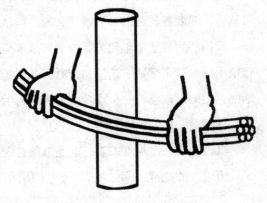

图 7-8 困在一起的七根树枝

第8章

功·功率·能

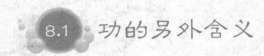

8.1 功的另外含义

"千克米①是什么意思？"

大多数的回答都是说："一千克的物体被抬高一米所做的功就是 1 千克米"

如果再单独地在前面加一个前提，说是在地面上进行的抬高就会更加完美了。这样来解释功的单位，很多人认为是比较详细的了。但是，如果这个定义也同样令你感到完美的话，下面这道题目你就应当好好研究研究。

"有个重 1 千克的炮弹被一门炮膛长 1 米的大炮，竖直地射向空中，火药的作用只有在 1 米长的炮膛里才有，在炮弹离开了炮膛之后，气体的压力就变成了零。这 1 千克的炮弹被这气体提升了 1 米的高度，换句话说它做了 1 千克米的功。这功难道只有如此小吗？"

事实如果真是如此，火药以后就可以省略掉了，我们自己的手就可以把炮弹送到这个高度。显而易见的，我们在这个计算里一定是有什么地方疏忽掉了。

疏忽的到底是什么呢？

我们在对这个功进行研究的时候，只抓到了次要的部分，而把最重要的部分给忽视掉了。炮弹在发射前是没有速度的，但是在炮膛里发射出来后就具有了速度，这是被我们忽略的地方。也就是说，除了炮弹被提升了 1 米的高度外，这个炮弹的速度也是火药功的体现部分。炮弹的速度部分的功被我们忽视了，我们可以根据炮弹的速度很容易得出这部分的功。如果炮弹是以 600 米／秒（折合 60 000 厘米／秒）的速度射出，那么炮弹具有 1000 克米势能的时候，炮弹

---

①千克米，是功的老式单位，每千克米约合 9.8 焦耳。

的动能就是：

$$\frac{Mv^2}{2} = \frac{1000 \times 60000^2}{2} = 18 \times 10^{11} \text{ 尔格} = 1.8 \times 10^5 \text{ 焦耳}$$

折合约 18000 千克米。

瞧，正是因为我们没能正确的定义千克米，所以才有很大的功被我们忽略了。

如何把这个定义说完整，此刻我们应当很明白了。

千克米的定义是：原本静止的 1 千克的物体被提升 1 米高、速度是 0 的时候所做的功。

8.2 如何得到 1 千克米的功

我们可以非常轻松地把 1 千克重的砝码提高 1 米的高度。但是提高这个砝码所做的功是多少？只做 1 千克米的功是不可能的。我们要用的力一定比 1 千克重量大，砝码的运动就是由超出它自身重量的部分作用的。可是这超出的部分会使砝码产生加速度，所以当我们把砝码提升到 1 米高的时候，它还是会有一定的速度，不会静止不动。也就是说，做的功要比 1 千克米多而不是正好的。

要使 1 千克重的砝码提升 1 米做出的功正好是 1 千克米，不多也不少，我们应当怎么做呢？砝码应当这样被提起，在最初提起的时候，从下面向上推的力一定会比 1 千克重量大一些。之后的力要慢慢地减少，或是停止，这样会使砝码开始得到的定向速度逐渐慢下来。要使的砝码刚好升到 1 米高的时候速度恰好变为零，我们停止施力的时机就要选得非常恰当。如此说来，我们施加给砝码的力并非是保持 1 千克不变的，这个力是不断变化着大小的。想要刚好做出 1 千克米的功，这个力开始必须比 1 千克大，之后又会比 1 千克小。

8.3 功的计算

　　经过上面的讨论我们都看出来了，把 1 千克的物体提高 1 米后做的功正好是 1 千克米，是件很不简单的事情。所以千克米这个定义我们最好不要应用，它其实是非常令人模糊的，并不像人们看到的那样简单。

　　如果这样定义千克米既方便又清晰：它是指在作用力和路程两者方向一致的时候，1 千克的力经过 1 米的距离所做的功。

　　这个方向一致的前提是很有意义的。如果这个前提被忽略，那么计算出来的功就是不正确的。[①]

　　发动机工作能力的比较就要通过它们在相等的时间里做出的功来进行比较的。秒就是最便捷的时间单位。所以功率这一名词被引入了力学里，作为度量工作能力的标准。对于发动机来说，就是它在 1 秒钟的时间里做的功。瓦特和马力是两个工程中经常用到的功率单位，它们之间的换算关系是：1 马力 =735.499 瓦特。

　　例如，对下面的题目进行计算。

　　一辆汽车重 850 千克，在笔直平坦的马路上行驶速度是 72 千米／小时。如果行驶时所受到的阻力是自身重量的 $\frac{1}{5}$，请计算汽车的功率。

　　第一步，我们先要知道汽车前进的动力是多少？这动力在匀速运动的时候等于阻力，所以得出前进的动力是：

---

　　①读者可能会有疑问：在这样的条件下，物体到距离的末端还是有速度存在的，我们是不是应当认为这 1 千克的力在 1 米的距离上做了 1 千克米多的功。这个距离的最后有一定速度的说法是没有错的。物体的这个速度就是我们的力所做功引起的，这个动能就是 1 千克米。否则就是得到的能量大于耗费的能量，这是对能量守恒定律的破坏。说到提升物体和这个是有区别的，1 千克的重物被提高 1 米，势能增加 1 千克米，再加上物体获得的动能，最后得出的能就要比 1 千克米大。

$$850 \times \frac{1}{5} = 170\text{kg}$$

第二步就是要知道汽车 1 秒钟的时间行驶的路程，此速度就是：

$$72 \times \frac{1000}{3600} = 20\text{m/s}$$

作用力的方向和运动的方向一致，因此汽车的功率就是它在 1 秒钟里面做的功，等于力和 1 秒钟行驶的距离二者的乘积：

$$170 \times 20 = 3400$$

约合 34000 瓦特，折合成马力大约是：

$$34\,000 \div 735 \approx 46 \text{ 马力}$$

8.4 拖拉机的前进动力

10 马力是拖拉机挂钩的功率，请计算在下面的档速行驶时它的前进动力是多少。

一档时速是 2.45 千米；

二档时速是 5.52 千米；

三档时速是 11.32 千米。

假如以瓦特为单位，功率就是 1 秒钟里做的功，相当于前进动力（单位牛顿）和 1 秒钟所走的路程（单位米）两者的乘积。所以根据一档的时速是 2.45 千米，可以得出等式：

$$735 \times 10 = x \times \frac{2.45 \times 1000}{3600}$$

解得拖拉机的前进动力 $x \approx 10000$ 牛顿。

用相同的方法即可以得出二档时拖拉机的前进动力是 4800 牛顿，三档时是 2300 牛顿。

这和普通人的认识有些不一样，时速越小前进的动力就越大。

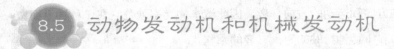

8.5 动物发动机和机械发动机

1 马力的功率用一个人能产生出来吗？或者说一个人可不可以在一秒钟里做 735 焦耳的功？

多数人的看法其实是正确的，他们认为在一般工作条件下，人的功率只有约 $\frac{1}{10}$ 马力，折合 70 ～ 89 瓦特。可是个别情况下，人是可以在极短的时间里做出许多的功的。例如，在上楼的时候（图 8-1），我们急匆匆的脚步做出的功率就在 80 焦耳／秒以上。如果我们自己的体重是 70 千克，上楼的速度是 6

图 8-1 人此时的功率大约是 1 马力左右

个台阶／秒，台阶的高度是 17 厘米，我们的功率就是：

$$70 \times 6 \times 0.17 \times 9.8 \approx 700 \text{ 焦耳}$$

几乎 1 马力，换个说法，这相当于 1 匹马的平均功率的 1.5 倍。其实我们只能在几分钟之内有这样的功率，之后就得停下休息。假如把这些休息的时间也计算进来，我们的功率还是在 $\frac{1}{10}$ 马力内。

图 8-2 马此时的功率大约是 7 马力

这样的情况曾发生在很多年前的一场 90 米赛跑上，运动员的功率达到了 5520 焦耳／秒，折合 7.4 马力。

功率被提高 10 倍或者更多的倍数的事情也会发生在马的身上。例如，马的自身重量是 500 千克，它在 1 秒钟里做一个 1 米高的跳跃，做的功就是 5000 焦耳（图 8-2），折合成马力大约是：

$$5000 \div 735 = 6.8 \text{ 马力}$$

我们大家应当注意了，1 匹马平均功率的 1.5 倍大约就是 1 马力的功率。所以上面的例子了，马的功率几乎提高了 10 倍。

动物发动机和机械发动机相比，突出的优点就是可以在短时间里使自己的功率增大好多倍。（图 8-3）10 马力的汽车在路况较好的公路上行驶，一定要比两匹马拉的马车好许多。可是当遇到沙地时，汽车就会被陷进去，两匹马拉车却可以驶过这个沙地，因为它可以短时间里可以产生 15 马力或者更大的

图 8-3 这个时候动物发动机也比机械的好

功率。下面的这段评论出自一个物理学家的口中："马在某些方面看来的确是很有用处的机械，在汽车没有出现的时候我们甚至还不能很好地体会到它的用途，大多都是两匹马拉一辆车就可以爬上陡坡，可是汽车必须要用上相当于 12 ~ 15 匹马的动力才不至于每遇到一个小丘都上不去。"

8.6 活发动机的功率

拉车的几匹马的力量并不是它们几个的简单相加。例如，两匹马同拉一辆车的时候，力量不会达到一匹马的两倍，三匹马同拉一辆车时，也达不到一匹马的三倍……这一重要的事实，是我们在对动物发动机和机械发动机进行比较的时候一定要注意的。这主要是因为几匹马同拉一辆车用力没法协调，甚至还会彼此妨碍。我们通过实践得出了不同数目的马同拉一辆车时的功率，如下表

套在一起的马数	每匹马的功率	总功率
1	1	1
2	0.92	1.9
3	0.85	2.6
4	0.77	3.1
5	0.7	3.5
6	0.62	3.7
7	0.55	3.8
8	0.47	3.8

上表告诉我们，5匹马一同拉车产生的拉力只有一匹马的3.5倍，并不是5倍；8匹马只是一匹马的3.8倍，马的数量越多，这个合力的增幅就越小。

由这一点可以看出，打个比方，15匹马的拉力绝对替代不了一辆10马力的拖拉机。

总的来说，即使马力再小的拖拉机也不能用很多匹马代替。

"一百只兔子是不会变成一只象的"是法国人的俗语。我们可以如法炮制"一百匹马是无法替代一辆拖拉机的。"

8.7 人类的"新奴隶"——机械

我们的身边用着好多的机械发动机，可是对于这些"新奴隶"的功率我们还有很多弄不清楚。和动物发动机相比较，用非常小的体积聚集特别巨大的功率就是机械发动机的优点。马和大象在古时候人们的眼里就是最强大的"机械"。那时候增加功率的唯一方法就是增加马和大象的数量。在现在用一台发动机就替代了许多马的这个问题，是新时代技术要解决的。

重量为2吨，功率是20马力的蒸汽机是100多年前最强大的机械。这相当于每100千克重的机械要能产生1马力的功率。我们可以让一马力的功率等

图8-4 每种机械的发动机的平均马力重多少，就用马头上涂黑的部分表示

于一匹马的功率，这样可以方便计算。所以，如果是马（平均重量是 500 千克），1 马力就要重 500 千克，如果是机械，1 马力重 100 千克，20 马力的蒸汽机就好像是在一匹马的身上集合了 5 匹马的功率。

现在体重 100 吨的机械可以产生 2000 马力，它的平均马力重量就更小。而 120 吨的电车功率是 4500 马力，它的平均马力重量只有 27 千克。

航空发动机在这方面进步最大。一个重 500 千克的航空发动机功率就可以达到 550 马力，它的平均马力重不到 1 千克。图 8-4 所示把这些比值表示得很形象：每种机械的发动机的平均马力重多少，就用马头上涂黑的部分表示。

表示得更清楚的是图 8-5，其中的小马和大马形状的突出比例，正是相同马力的钢铁机械和肉体牲口的重量比例。

图 8-5 相同功率的航空发动机和马两者的重量比

在图 8-6 中我们可以更加清晰地看出，缸容量只有 2 升的航空发动机功率就有 162 马力，和马的功率相比比例悬殊。

竞赛并没有结束，现代发动机的技术还没有达到顶峰。[①] 燃料中的能量并

图 8-6 162 马力的航空发动机汽缸容量只有 2 升

---

① 当今的火箭发动机可以在极其短的时间里，功率可以达到几十万或几百万马力甚至更多。

没有被我们完全发挥出来。我们此刻可以算一算，要使 1 升水的温度升高 1℃
的热量（1 大卡热量）中具体包含了多大功。1 大卡的热量完全转变为动能，
可以发挥出 4186 焦耳的功，相当于把重 427 千克的物体提高 1 米（图 8-7）。
但是现在发动机对能量的有效利用率只有 10%～30%，也就是说在 1 大卡热
量提供的 4186 焦耳功里，发动机只能利用 1000 焦耳左右。

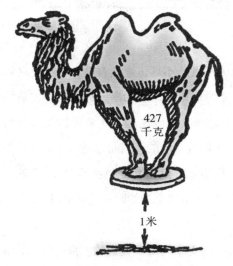

图 8-7 1 大卡热量完全转变为机械能，可以把重 427 千克的物体提高 1 米

　　在人类利用能源转化为机械能的发明中，功率最大的是哪一种呢？答案是
火器。

　　当今我们用的步枪只有 4 千克的重量，真正起作用的地方也不过 2 千克，
但是在打枪的那一刻它可以产生 4000 焦耳的功。初看似乎没有什么了不起的，
可是我们应当清楚火药气体对子弹的作用只有在枪膛里才会有效，而其中的
时间是非常短的，只有 $\frac{1}{800}$ 秒。我们对发动机功率的表示一般都是指 1 秒钟里
做的功，所以如果以此来计算火药的功率，那一定是个非常惊人的数字——
4000×800=3 200 000 焦耳／秒，折合 4300 马力。假如用步枪的真正起作用
的部分 2 千克除这个功率，就可以得出 1 马力大约只需半克重量！我们可以想

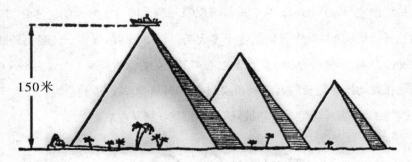

图 8-8 大炮做的功，相当于把 75 吨的轮船提升到高 150 米的金字塔顶

象，这样只有甲壳虫大小重的小马，竟然有着和一匹真马相当的功率！

假如让我们省去重量而单独论述功率，那么大炮才是最大的赢家。一个重 900 千克的炮弹可以被超级大炮以速度 500 米／秒发射出去（这还不是最佳成熟的技术），它在 0.01 秒内产生的功就可以达到 1 亿 1 千万焦耳左右。图 8-8 所示就是这个功的形象表示，这个功足够把重量是 75 吨的轮船提高到高 150 米的最高金字塔的顶端。产生这个功的时间是 0.01 秒，所以功率是 110 亿瓦特，折合为 1500 万马力。

图 8-9 所示是对一门大型的海军大炮的能量的演示，非常形象。

图 8-9 大型海军大炮的能量足可以使 36 吨冰块融化成水

8.8 狡猾的称量

旧社会里的奸商们在对货物进行称量的时候，不是向天平上放货物而是在高处向下抛。此时的天平就会被高处抛下的货物压下去，老实的顾客就会被欺骗。

假如顾客耐心等待天平停稳之后再看，会发现天平根本就是倾斜的，货物不够分量。

天平的下沉，是由高处落下的物体对着力点的压力造成的，并不是真实的重量。我们可以通过下面的计算看清上述问题。假如在高出秤盘 10 厘米的地方落下一个重 10 克的物体。那么秤盘接收到的能量应当是物体的重量和下落高度的乘积：

$$\frac{1}{100}\text{kg} \times 0.1\text{m} = 0.001\text{kg/m} \approx 0.01 \text{ 焦耳}$$

如果利用这个能量使秤盘下沉的距离是 2 厘米，则秤盘此时受到的作用力为 F，就可以得出方程式：

$$F \times 0.02 = 0.01$$

得出：

$$F = 0.05\text{kg} = 50\text{g}$$

我们看，一个只有 10 克重的物体在高处落下来的时候，不仅仅有自身的重力，还会有另外的压力 50 克。顾客转身离去的时候，可能还满意货物的重量，但事实上它比秤指示的数值要少 50 克。

8.9 亚里士多德的力学问题

亚里士多德早在伽利略奠定力学基础之前的 2000 多年，就写了自己的著作《力学问题》一书，他在书中讲述了 36 个问题，其中有一个是这样说的：

"如果一块木头上放了一把斧头，斧头锋刃正对木块，然后在斧头上面压上很沉的东西，那木头几乎受不到怎样的破坏；但是假如只用一把斧头，高举然后再砍到木头上，就会把木头劈成两半，为什么会发生这样的差异呢？即便是压在斧头上的沉重物体要比斧头的重量大很多。"

在亚里士多德所处的时代，人们对力学的认识还不是很清楚，所以没有对这个题目的解答。对这个题目的解答读者中可能也有不知道的。所以，让我们现在对这个希腊思想家的题目进行深入的研究。

在木头被斧头砍入的时候，动能是什么样的呢？第一是斧头被高高举起的势能，再有，是斧头向下移动时候的增加的动能。假如斧头自身重量是 2 千克，举的高度是 2 米；被高高举起的势能就等于 $2 \times 2 = 4$ 千克米。斧头的向下移动是两个力同时作用的结果：人的臂力和斧头的自身重力。如果没有人的臂力作用，斧头下落的动能和被高举的势能是相等的，都是 4 千克米。可是，人的臂力是存在的，它加快了斧头的下落运动，使它的动能增加了。我们假定人的手臂在上下挥动的时候力量相等，那么下落和高举是一样的能量，都是 4 千克米。所以在木头被砍时，斧头的能是 $4 + 4 = 8$ 千克米。

我们可以再想一下，斧头在砍到木头后，肯定不会停在木头表面，它能够砍入多深呢？如果深度是 1 厘米。换句话说，在砍入木头 0.01 米后，斧头的能全部消失了，速度变为 0。根据这一点，我们可以很容易计算出木头受到的

压力 *F*：

$$F \times 0.01 = 8$$

得出 F 为 800 千克。

所以说，木头受到了斧头 800 千克的压力。我们虽然看不到这个压力，但也不能否认它很大，如此大的压力把木头劈开是十分正常的事情。

我们就是这样解答亚里士多德的问题的。可是新的问题又出现在我们面前：木头是不能被我们的肌肉直接劈开的，既然如此我们的肌肉又是怎样使自己的力量传递给斧头的呢？回答是，在短短的 1 厘米距离里消耗掉了原来上下 4 米路程里得到的能量。即使斧头不用锋口一端劈，用另一端锤，其"功率"也不亚于一台锻锤。

通过上面的讲解我们应当明白了，为什么气锤被压力机替代时，压力机的力量要非常大才行。列如 5000 吨的压力机才可以替代 150 吨的气锤，600 吨的压力机也只能替代 20 吨的气锤……

这样的道理也可以用来解释马刀的作用。当然用面积非常小的刀刃来汇集力的作用意义也会有所不同；每平方厘米的压力就会变得非常大，有几百个大气压。当然还有很重要的一点就是马刀的挥舞距离，如果我们把马刀挥出了大约 1.5 米后，再砍向敌人，那最多也不过砍入 10 厘米左右。在 1.5 米距离里得到的能量和在 $\frac{1}{10} \sim \frac{1}{15}$ 距离消耗的能量两者是一致的。所以就好像有 10 到 15 倍的力量汇集到战士的手臂上。另外一个重要的地方就是砍的方法：马刀在被战士使用的时候，除了砍击敌人，还有在砍击瞬间被抽回的力量。假如将面包分为两半，我们会发现用刀砍很难，这不如用刀切的好。

8.10 脆性物体的包装

稻草、刨花、纸条等柔软的材料一般都被用作脆性物体的包装衬垫，（图

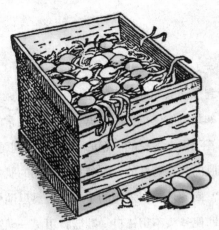

图 8-10 刨花被用作鸡蛋装箱时的衬垫

8-10）这主要是为了防止震碎，目的并不难理解。但是我们要问的是稻草和刨花如何防止物体破碎？如果回答说它们可以在碰撞发生时，对震动起到减弱的作用，那就不必说了，这只是对问题的又一次重复。我们应当回答减弱的原因。

一共有两个原因。首先，稻草、刨花等材料使脆性物体相互间的接触面积增大了——这些衬垫材料使物体间的锋利的棱角都被淹没了，它们之间的接触由点或线变成了片或面了。此时力的作用被较大的面积所分散，单位面积的压力自然减小了许多。

其次，表现在震动发生时。如果震动发生在装满杯子的箱子上，那里面所有的杯子都会开始运动，由于邻近物品的阻碍这个运动会马上停下来。此时在相撞杯子上短时间消耗的运动能量，就会使杯子发生破碎。因为消耗这个能量的距离很短，所以作用力就会非常大，只有如此才能满足力 F 和距离 S 的乘积等于消耗能量。

柔软衬垫的作用我们应当明白了：它使作用力的距离加长，所以作用力 F 被变小了。如果不是有衬垫材料的存在，这个距离 S 会非常短，而玻璃杯和鸡蛋发生几十分之一毫米的变形就会破碎。它们之间如填充作衬垫用的稻草、刨花和纸条，相当于加长了几十倍的作用力路程，它们之间的相互作用力也就被减少到原来的几十分之一。

这是稻草、刨花等衬垫材料对保护脆性物品起到的第二个也是最重要的原因。

8.11 捕兽机关

捕兽机关如图 8–11 和图 8–12 所示，是非洲人经常使用的。假如机关的绳子被大象触动，一段沉重而且带刺的木头就会刺入大象的身体。图 8–12 的

图 8–11 捕大象用的机关

图 8–12 弓箭捕兽机关

图 8-13 悬挂的木头和熊的战斗

弓箭机关更加巧妙。它的绳子一旦被野兽触动，它那拉满的弓就会释放上面的箭，而射向野兽。

此处，我们不难看出这个捕杀野兽的能量来源——这不过是捕杀野兽的人利用机关将自己的能量转换了形式。人举高木头所作的功就是木头落下具有的能量。图 8-12 中人把弓拉开所做的功就是弓箭射出去具有的能量。捕杀野兽的时刻不过是机关对原来储藏势能的释放。如果要再次的使用这些机关，还得人来再次装好。

还有一种机关是在人们熟知的关于熊和木头的故事里谈到的，它的情况和这个不一样。树上有一个蜂巢被一只熊发现了。这只熊于是就向着蜂巢爬去，不料被一段悬挂的木头挡住了去路。（图 8-13）熊想推开木头，可是被推开的木头随即又返了回来，用不大的力量撞到了熊的身上；熊于是用了较大的力量推木头，木头同样以较大的力量撞了回来；熊于是越来越没有耐心，每次都更加用力地推开木头，木头同样更加用力地撞回来。熊终于被这样的战斗累得没有了力气，跌落下来，被下面的尖锐木橛扎死。

这个机关的巧妙之处就在于不必劳人总去布置。第一只熊被打败以后，可以立刻上第二只，第三只……如此连续而不必有人参与。可是这是哪里来的能量把熊不停地打下树来呢？

这里的功，其实是来自野兽本身。把熊从树上打下来的是它自己，把自己扎死在木橛上的也是它自己。木头被推开的时候，把熊的生物能变成了自己的势能，然后以这个势能再去撞击熊。熊可以在树上爬高也是自己生物能的转换，这个势能就是熊最后开始跌落时的势能。所以说，撞击熊的是它自己，摔下树

来也是自己，在尖木橛上扎死自己，这些都是熊自己所为。野兽越是凶猛，被
木头伤得就会越重。

8.12 测步仪

有种名字叫测步仪的体型精致的仪器，你可曾见过？它的大小和形状像怀
表一样，口袋里就可以放得下，它是用来测算我们步行的步数的。这种仪器的
表盘和内部结构如图 8-14 所示。重锤 B 是它的重要组成部分，B 被固定在绕
A 旋转的杠杆 AB 的一端。图所示的位置就是静止的时候 B 所处的位置，它被

图 8-14 表盘和构造

一个软弹簧驱使着停留在靠上的部分。人体在走路时每迈一步都要升起再落下，
这种上下的运动会带动测步仪。可是重锤 B 并不会随着测步仪的升起而升起，
它会在惯性作用下，反抗弹簧的弹性，静止在仪表的下半部分。当测步仪再次
落下的时候，重锤 B 又因同样原因向上运动。所以人走一步，杠杆 AB 就会移
动两次，向下和向上，表盘上的指针会在 AB 摆动驱使小齿轮转动时发生变化，
从而记录出人的步行数目。

如果被问到，是什么样的能量使测步仪动作，我们当然毫不犹豫地说是人的肌肉运动所做的功。但是如果人们会有这样的想法就不对了——人终究是走着的，测步仪根本不需要人们多耗费什么力量来带动。无论是重力还是弹簧对重锤的拉力，以及测步仪被抬高到一定的高度都是要耗费人的力量的。

人们利用测步仪的原理想制造一种表，它是通过人的日常行为带动的，它其实已经被制造出来了。只要把这块表戴在手腕上，发条就会被人手不住的运动带紧，可以让人们很省心。经过手腕几小时的运动，就可以使表走上一昼夜。真是非常便捷的一种表：它的发条总是被上到一定的松紧，以确保它的准确度；它的表壳上不必被开孔，灰尘和水分就无法入侵到它的里面去；当然不用总想着要为它上发条才是最重要的一点。对于钳工、裁缝、钢琴家、尤其是打字员这种表好像才适用，而对于脑力劳动者好像就不是了。如此，这个装备精良的表的高超性能就被我们忽略了，因为只需要非常微弱的运动就可以使这块表走动。事实上，发条只要经过两三下的运动就可以被重锤带动，而且可以使表走上三四个小时。

我们是不是可以这样的认为，主人可以不耗费任何的能量就可以使表这样一直走呢？答案是不，一般的表上紧发条需要主人肌肉的能量是多少，它也同样需要多少。手臂带上这样的表比带其他的表运动使耗费的能量要多，发条的弹力也要有力量去克服，这和测步仪是一样的。

听说美国有一家商店，其老板想出了一个好办法，利用店门的开关上劲弹簧，来为他做一些有用的家务。这个发明家认为顾客终归是要开门的，这个能源是免费的。但是事实是顾客总要多耗费一些力量去克服弹簧的弹力去开门。换种说法就是这个老板的家务是他的每一位顾客替他做的。

把上面的两种情况称作是自动机械的说法是不严密的，我们只能说它们是不需要人的单独照料就可以通过肌肉运动给弹簧上紧的机械。

8.13 摩擦生火

依照书本的知识，利用摩擦的方法生火应当不是一件很难的事情。但是真的照做还是相当不容易的。马克·吐温就曾讲了一个自己利用书本上摩擦生火的知识在实际中应用的故事：

故事发生在寒冷的冬季，当时我们都拿了两根木棒，在手里摩擦。但是木棒经过了两个小时的摩擦依旧是冷冰冰的，而我们自己就要冻僵了。

还有一位作家杰克·伦敦在他的《老练的水手》中也同样的写道：

对于遭难后又脱险的人写的回忆录，我读过很多：摩擦生火的方法都被他们试过，可是没有成功的。我记得有一位搞新闻的记者在阿拉斯加和西伯利亚旅行过。在一个朋友的家里，我们曾见过一面，那一次他曾经幽默地讲起自己用两根木棒相互摩擦生火失败的经过。

在儒勒·凡尔纳的小说《神秘岛》中，有经验的水手潘克洛夫和年轻人郝伯特之间有一段谈话，也谈到了这个问题：

"原始人可以用一块木头和另一块木头摩擦来生火，我们也可以学他们那样呀。"

"不错，年轻人，你可以试一试；你很可能一无所获，除了使自己的两只手磨出血。"

"但是，很多的地方都在用这个简洁的方法，这太普遍了。"

水手赶紧回答说道："我们不必争论，但是我还是坚持自己的观点，他们可能有自己独特的本事应用这个。但是这样的生火方式我已经试过很多次了，而且从没有成功过。我还是认为火柴是最好的选择。"

儒勒·凡尔纳写的不止这些：

尽管如此，潘克洛夫还是拿了两根十分干燥的木头，把它们相互地摩擦来试着生火。如果把他和纳布所做的功统统转化为热能，那么一艘横渡大西洋轮船的锅炉里的水都会被这热量烧得沸腾。可是结果并不很好：两个木头只是有了一点儿发热，这还没有他们自己的体温高。

潘克洛夫在磨了一个小时后，就累得出了身汗。木头被他气呼呼地丢在了地上。

他还不停地说道："如果在古代的人可以用摩擦的方法生火和冬天里会出现非常热的天气间，两者选其一的话，我更愿意选择后者。依我瞧，两只手心经过反复地摩擦似乎更容易燃烧。"

为什么会没有成功呢？主要是应用的方法不正确。木棒间的简单摩擦是生不起火的，古代人多数是用削尖的木头在木板上打孔的方法摩擦生火的。

经过深入的研究，我们就会发现两种方法是有区别的。

（图8-15）我们让木棒 CD 在木棒 AB 上面来回地移动，速度是每秒钟

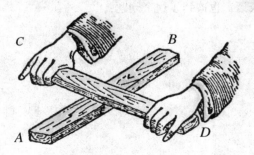

图 8-15 书本中记载的摩擦生火的方法

一个来回，移动的距离是 25 厘米。至于手对木棒的压力我任意取一个相近的值 2 千克。而两个木棒间的摩擦力大约等于这个压力的 40%，因此摩擦力为：$2×0.4×9.8 ≈ 8$ 牛顿，来回 50 厘米做的功等于 $8×0.5=4$ 焦耳。4 焦耳的功统统转化为热能，木头会有多大的面积接收这热量呢？

就导热性能来说，木头是非常一般的；所以木头只有非常浅的一层接收到了这部分热能。

假定木头有 0.5 毫米的厚度就收到了热能，[①] 两根木棒摩擦的面积是距离和宽度的乘积，长度是 50 厘米，我们在假定接触面宽是 1 厘米。

接收这部分热能的木头体积就是：

$$50×1×0.05 = 2.5 \text{ 立方厘米}$$

它的重量大约是 1.25 克。假设木头的热容是 0.6，则木头被加热的温度：

$$\frac{4}{1.25×2.4} ≈ 1℃。$$

也就是说，如果冷却导致的热量损耗忽略不计，那么木棒 1 秒钟的摩擦提高的温度约是 1℃。可是，空气的冷却包围着整根木棒，冷却的速度非常快。所以，马克·吐温说的是非常有道理的——两只木棒相互摩擦的时候热度不但没有增加，似乎变得更加冰冷了。

但是假如换做是钻木的方法取火，结果就不一样了。图 8-16 所示，假定削尖的木棒直径是 1 厘米，它的尖端有 1 厘米长钻进模板里。钻弓的长度是 25 厘米，我们用 2 千克的力每秒钟拉动钻弓一次。这样的情况下，一秒钟做的功还是 $8×0.5=4$ 焦耳，热量产生的也相等，可是热量的接受体积却变小了，它只有 $3.14×0.05 = 0.15$ 立方厘米，重量减小到 0.075 千克。所以，在理论上，木棒的尖端产生的温度，每秒钟上升 $\frac{4}{0.075×2.4} ≈ 22℃$，这样的温度在实际中是可以达到的，因为钻木时产生的热量很难在在受热时被散失掉。木

---

①如果再把这个厚度加大，结果不会受什么影响，下文中还会说到。

图 8-16 真正的钻木取火

头的燃点是 250℃，所以，只需经过 250℃ ÷22℃ =11 秒的时间，木棒就可以燃烧了。

　　根据民族学家说，老练的原始人要想生火只需几秒钟就可以了。[1] 我们大家其实都清楚，假如润滑做不好，大车的车轴经常被烧坏；上面说的就是它的原因。

8.14　弹簧溶化能量的去处

　　一个钢板弹簧被我们用力弯曲，它就会把我们做的功转化为自己的势能。

───────────

　　[1]原始人不但知道能钻木取火，还有用"火犁"和"火锯"等方法取火，后两种方法，木屑的散热效果更差，可以更好地保持热量。

假如再用它去举起沉重的物体，或者转动车轮等，这部分能量就会重新转换回来；它被分成了做有用功和克服阻力两部分。这个过程中不会损耗任何一个尔格。

但是如果弹簧弯曲后去做另外的一个实验：它如果被我们放入硫酸中去。硫酸就会把弹簧给蚀化掉。我们的能量消失了：弯曲弹簧的能量没有地方再被转换回来了。这是不是没有遵守能量守恒定律。

这是真的吗？我们的认为是错误的，事实上弹簧的能量并没有消失掉。弹簧在被硫酸侵蚀的时候，会再次弹开把能量又释放了出来，这些能量可被转换为了周围硫酸的动能，也可以被转换为热能，提高硫酸的温度。但是这个温度是不会增高多少的。原因很简单，假定是 2 千克的力使弹簧变得弯曲，弯曲后的弹簧和原来相比缩短了 10 厘米，也就是 0.1 米。换句话说，弯曲后的弹簧平均应力是 1 千克。因此，弹簧的势能是 $1×9.8×0.01=1$ 焦耳。1 焦耳的热能所能增加的全部溶液的温度是非常有限的，我们根本感觉不到。

另外，这个弯曲的能量，还可以转变为电能或者化学能。假如所产生的化学能是加快钢的蚀解的化学能，弹簧的消蚀速度会因此而加快；相反钢的蚀解就会减慢。

只有通过实验才能知道真正会转化成什么样的能量。

其实已经有人做过了这个实验。

一片弯曲的钢片被人们加在两根相距半厘米的玻璃棒中间，然后放在一个玻璃容器里（图 8–17 左）。另外一边的实验，弹簧被人们弯曲后直接放到玻

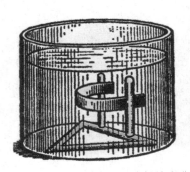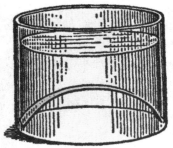

图 8–17 溶解被弯曲的弹簧的实验

璃钢底部（图8-17右）。然后把硫酸倒入玻璃容器。没有多长时间，钢片就被腐蚀断了，硫酸继续侵蚀剩下的两个半段，直到完全溶解。从倒入硫酸开始到钢片完全蚀解的实验时间，我们要做详细的记录。之后，用不弯曲的钢片在同样的条件下再一次实验。结果是后者蚀解的时间短。

实验证明，受张力弹簧的耐腐蚀程度要比没有张力的弹簧高。所以，能量守恒定律还是对的，弯曲弹簧的能量，其中一部分转换成了化学能，另一部分转换成了弹簧弹开的动能。能量并没有凭白无故地消失掉。

继续上面的题目，我们可以提一个这样问题：

"如果把一捆木柴扛至四楼，木柴的势能就会增加。可是，如果把这捆木柴燃烧掉，那么这部分势能转化到什么地方去了。"

回答这个疑问很简单，我们可以想一想，就可知道：

木柴燃烧后的产物，在四楼上形成时的势能一定会比在地面上形成时的势能要大很多。

第9章

摩擦和介质阻力

9.1 滑雪

　　一只雪橇从斜度为 30°、长为 12 米的雪山滑道上滑下，之后沿水平面继续向前滑动。请问这只雪橇会在哪里停下来？

　　假设雪橇和雪面不产生摩擦，那么该雪橇则永远不会停下来，但事实上，虽然雪橇和雪面之间的摩擦力很小，却总有摩擦存在的，雪橇靠下面的铁条和地面接触，雪面与铁条的摩擦系数为 0.02。当雪橇从雪山滑道下滑时，它会获得动能，当它沿平面继续滑动时，所得到的动能就会用来克服摩擦力，当其动能在克服摩擦力时全部耗尽时，雪橇就会停下来了。

　　那么如果要计算该距离的长度，首先要知道雪橇在从雪道下滑过程中得到的动能是多少。如图 9-1 因为 $\angle ABC=30°$，根据勾股定理，$AC=\frac{1}{2}AB$，$AB=12$ 米，所以 $AC=6$ 米。假设雪橇的重 P 千克，在不产生摩擦力的情况下，雪橇产生的动能为 $6P$ 千克，事实上 P 会产生两个分力，分力 Q 与 AB 垂直，分力 R 跟 AB 平行。

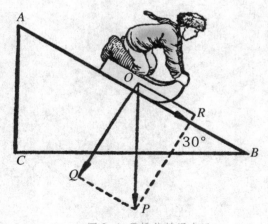

图 9-1 雪橇能够滑多远

$Q=P\cos30°=0.87P$，而摩擦力 $=0.02Q$。

那么克服摩擦力所做的功就是：

$$0.02×0.87P×12≈0.21P\text{ 千克米}，$$

则实际所得动能为：

$$6P−0.21P=5.79P\text{ 千克米}。$$

我们假设雪橇滑到山脚后继续演水平雪面滑行了 x 米，则摩擦力的所作的功为：

$$0.02Px=5.79P，\text{解得 } x≈290\text{ 米}，$$

所以雪橇从雪山滑下后，在水平雪面上继续滑行 290 米左右后停止滑动。

9.2 发动机停止后

当汽车以 72 千米／小时的速度在公路上飞驰的时候，司机停止使用发动机，运动的阻力约为 2%，问汽车继续行驶多远后才能停下来？

该题与上题类似，只是汽车动能的计算方法不同。m 代表汽车的质量，v 代表汽车的速度，则汽车的动能为 $\dfrac{mv^2}{2}$，设发动机停止后，汽车运动的路程为 x，汽车的重量为 P，那么发动机停止后汽车运动时受到的阻力为 2%P，因此得出：$\dfrac{mv^2}{2}=0.02Px$，又 $P=mg$（g 是重力加速度），代入 P 得出：$\dfrac{mv^2}{2}=0.02mgx$，所以：$x=\dfrac{25v^2}{g}$，汽车的质量是恒量，所以在最后结果里面涉及不到汽车的质量，汽车的速度 $v=72$ 千米／小时 $=20$ 米／秒，

$g=9.8$ 米／秒^2，将 v 和 g 的值分别代入上式得，$x≈1000$ 米，这个结果是忽略了空气阻力而得出的结果，但事实上，汽车速度越快空气阻力越大，所以我们只能说，汽车行驶大致一千米时才能停下来。

9.3 马车的前轮为什么小?

　　大多数马车的前轮都会比后轮小些，当前轮不承担转向的任务，或者被放在车体外的时候，仍然是前轮小些，到底原因何在呢?

　　要得出正确答案，我们不妨把问题换个说法，我们可以考虑为什么后轮大，而不追问为什么前轮小，因为如果前轮比较小的话，它的优点相当明显，当前轮小的时候，轴线相对较低，这使车辕和挽索更容易倾斜，当车子不慎驶入坑洼地里，马更容易把车子从里面拖出来，如图 9-2 所示，马的拉力为 OP，当车辕 AO 倾斜时，OP 被分解成 QQ 和 OR 两个分力，分力 OQ 向上作用，负责将车子从洼地里拉出来。如果把车辕设计成水平的（如图 9-2 右），当车子行驶到洼地里，把车子向外拉时，A′O′ 无法分解出向上的力，因此很难将车子拖出来。

图 9-2 前轮为什么小

　　如果车子一直在保养良好的平坦道路上行驶，就没有必要把前车轴放低，你看汽车和自行车的前车轮和后车轮不就是一样大小的吗?

　　那么回过头来我们继续想：车子的后轮为什么不和前轮做成一样大小呢?这是因为滚动体的摩擦力与其半径成反比，所以相对来说，大轮子受到的摩擦力比小轮子的小，这样一来，把后轮做大的原因就相当清楚了吧。

9.4 机车和轮船的能量应用在何处？

人们常常认为，机车和轮船好像是把自己的所有能量都用做自身运动了。实际上，只有在开始的$\frac{1}{4}$时间里机车的能量用作了自身运动。剩下的时间，当然如果是在平路上行驶的话，这个能量用来平衡摩擦力和空气阻力。克服摩擦阻力所做的功统统转化成了热能，所以我们说，供电厂提供给电车运动的电能都转化为了城市空气的热能。如果说摩擦阻力不存在的话，机车在经过开始的$\frac{1}{4}$时间运动起来后，在平直的公路上可以一直凭借惯性运动下去，以后的能量可以完全不需要。

匀速运动是不会耗费任何能量的，当然也就不需要任何形式力的参与，这一点我们之前就讲过了。但是如果有对匀速运动起阻碍作用的力存在，那么要继续维持匀速运动就需要能量耗费。水上和路上相比前者阻力更大，而且它会随着速度的加快而加大，它和速度的二次方成正比。这也正是陆上运输的速度远远高于水上运输的原因所在①。使一艘小艇的速度保持在 6 千米／小时划手可能感觉很轻松；可以要想使速度再增加 1 千米／小时，就必须付出所有力气才可以。只有 8 个参加竞赛而且是经验老练的船员，才可能使一艘竞赛艇以20 千米／小时的速度行驶。

如果说速度增加水的阻力也跟着增加，那么水的携带力也应当跟随着增大才是。我们在下面就重点谈这个问题。

---

①这里提到的不包括水翼艇的船只，这种船不浸在水里，而是在水面上滑行，所以受到的阻力很小速度也就非常大。

9.5 石块如何被水冲走

小河的岸边不断地被河水冲刷，与此同时岸边被冲下的碎石块也会被带到河床的别处去。很多的人对水冲着石块在河底翻滚着走动感到吃惊，特别是石块非常大的时候。人们对水能冲走石块很疑惑。当然，能够做到这一点的只是个别的河水。河流在平原上流速很慢，它只能带走一些微小的沙粒。但是随着水流速度的增加，它带走石块的能力也会有所提高。假如速度增加1倍，不要说是沙粒，就是形体相当大的卵石它都可以带走。水在山涧的流速会再次地增大一倍，带走一千克或者更重的圆石头都是有可能的（图9-3）。该如何解释这个现象呢？

我们这里遇到的现象其实与一个有趣的力学定律有关，在流体力学研究中

图 9-3 石块被山涧激流滚动着

这个定律被称作"艾里定律"。这个定律证实，水流速度如果被增加到 n 倍，那么它所带走的物体重量就可以增加到 n^6 倍。

我们要说明一下，这自然界里不多见的六次方倍的比例是怎么出现的。

考虑到方便讲解，假定有一个边长是 a 的立方体石块在水底。（图 9-4）水流的作用力 F 作用在石块的侧面 S 上，它使得石块沿着轴 AB 翻转。石块在水中的重力 P 是它受到的相反的作用力，这个阻力对石块的翻转起到阻碍作用。

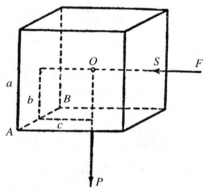

图 9-4 水流中各种作用力对石块的作用

由力学定律我们可以知道，只有力 F 和力 P 对轴 AB 的"力矩"相等时，石块才可以保持平衡。（对轴的力矩就是指作用力和力的作用线与轴线之间距离的乘积。）力 F 的力矩是 Fb，力 P 的力矩是 Pc，我们可以知道 $b=c=\dfrac{a}{2}$，所以石块要想保持平衡只有：

$$F \times \frac{a}{2} \leqslant P \times \frac{a}{2}$$

也就是：

$$F \leqslant P$$

在根据公式 $Ft=mv$，其中 t 代表力作用的时间，m 代表在时间 t 里作用于石块的水的质量，v 代表水的速度。

流体力学研究证实，在水流的压向与水流方向垂直的平面受到的水的全部压力，跟平面的面积以及水流速度的平方是成正比关系的。所以：

$$F=ka^2v^2$$

根据阿基米德定律，我们知道水中石块的重量 P，等于体积 a^3 和石块的比重 d 两者的乘积，再减去和石块的体积相同的水的重量，得出：

$$P=a^3 d - a^2 = a^3 \ (d-1)$$

在根据 $F \leqslant P$ 即可推出下面的式子：

$$ka^2 v^2 \leqslant a^3 \ (d-1)$$

最后得出：

$$a \leqslant \frac{Kv^2}{(d-1)}$$

假如要使得石块在水中静止不动，那么它的边长 a 和速度的二次方成正比。说到石块的重量，它是和体积成正比的，即边长 a 的三次方 a^3 成正比的。所以水可以带走方块石的重量和水流的速度的六次方倍成比例。原因很简单： $(v^2)^3 = v^6$

这就是艾里定律，虽然我们是用立方体的石块做例子证实的这个定律，可是也应当很容易证明这适用于任何形状的石块。我们只是用作用力彼此比较接近的例子，为的只是讲明白问题。精准的论证是可以通过现代流体力学做出来的。

为了进一步的对这个定律进行说明，假定我们面前有三条河，它们三个水流速度的关系是：第二条是第一条的两倍，第三条又是第二条的两倍。也就是说，它们的水流速度比是 1：2：4。依据艾里定律，它们带走石块的重量比应当是：$1：2^6：4^6 = 1：64：4096$。所以如果水流不急时可以带走 $\frac{1}{4}$ 克重的沙粒，当速度增长到两倍时就可以带走 16 克重的小石子，当速度增长至 4 倍的山涧水流时，成千克重的大石头都可以被水流翻滚了。

9.6 雨水下落的速度

我们通过行驶的列车玻璃上雨水形成的斜线，可以看到一个非常有趣的现象。雨水在落到玻璃上还会被列车的行驶所带动，所以这里产生的是以平行四边形规则而合成的两个运动。请细心地观察，这个运动是直线的（图9-5）。列车是匀速运动的。根据力学知识我们可以知道，在此种情形下，雨滴的运动

图 9-5　雨水落到玻璃上形成的直线

也是匀速的。真是个令人吃惊的结论：下落的物体的运动居然是匀速的！这真的很荒谬。我们一定可以推出这样的结论：如果雨滴下落是加速的，落到玻璃上应当是曲线（假如下落是匀加速，就是抛物线）。

　　根据车窗上面的斜线雨迹，我们可以得出雨滴下落的速度是匀速的，不像石块那样是加速落下的。这是因为雨滴的重量被大气阻力平衡了，没有产生加速度的力。如果不发生空气阻力对雨滴的阻止这样的情况，后果对于我们将是非常凄惨的：通常情况下都是在 1000 ～ 2000 米的高空聚集雨水；雨水在这 2000 米的高空下落时，如果没有空气阻力，那到达地面时的速度就是：

$$v= \sqrt{2gh} = \sqrt{2 \times 9.8 \times 2000} \approx 200\text{m/s}$$

这速度和手枪子弹的速度相当。雨滴终归是水而不是子弹，只有子弹$\frac{1}{10}$的动能，即便如此相信假如扫射到我们的身上也一定很不舒服。

雨滴落到地面的速度到底是什么样的呢？这个问题让我们好好讨论一下。可是这之前，我们还是要讨论一下雨滴的速度为什么是匀速的。

空气对下落物体的阻力在整个下落过程中是不断变化的。速度越快物体受到的阻力越大。在开始下落的时候，这阻力是可以忽略不计的，因为速度很小[①]。接下来，速度逐渐增加，空气对物体下落速度的阻力也会逐渐增大。[②]此时的物体下落的速度仍是加速的，只是加速度没有开始自由下落时的大而已。之后加速度还会一直减小，到最后变为零：从此以后下落物体就是匀速运动了，再没有了加速度。阻力也会随着加速度的消失而停止增长，再也没有力量来打破这个匀速运动了——落下的速度从此再也不会加快，更不会减慢。

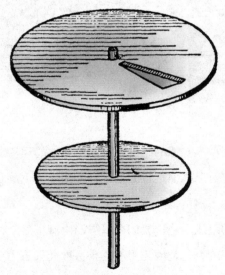

图 8-6 雨滴速度测量仪器

①比如，在开始不到一秒的时间里，自由物体的下落距离只有 5 厘米。
②在速度是每秒几米至 200 米的时候，空气阻力和速度的平方成正比关系。

因此，雨滴在空气中下落，它的匀速运动是在某一特定的时刻才开始的。水滴匀速运动的时刻来得比较早。我们通过对雨滴下落最终速度的测量可以知道，这个速度其实并不大，尤其是微小的雨滴。例如，雨滴的重量是 0.03 毫克时最终速度是 1.7 米／秒；重量是 20 毫克时速度是 7 米／秒；迄今为止发现的最大重量的雨滴是 200 毫克，它的速度也不过是 8 米／秒。

有一个非常巧妙的方法测量雨滴的速度。一根竖直的轴上紧紧地装了两个圆盘，就组成了这个测量雨滴速度的仪器。图 8-6 所示，有一个扇形的口开在了上面的圆盘上。用雨伞遮着把这个仪器拿到雨中，把伞拿开之前首先要让它高速的旋转起来。这样，雨滴就会通过上面圆盘的扇形口而落到下面圆盘的吸墨纸上。雨滴在两个圆盘之间穿梭下落的时候，两个圆盘已经改变了角度，所以下面圆盘的雨滴降落点已经偏离了扇形口的正下方，略微偏向后方。假如说下面圆盘雨滴的降落位置偏后圆周的 $\frac{1}{20}$，在假定圆盘的旋转速度是 20 转／分；两个圆盘之间的高度差是 40 厘米。雨滴的下落速度就可以由这些数据计算出来：雨滴在两个圆盘间（0.4 米）降落的时间和以速度 20 转／分走 $\frac{1}{20}$ 圆周的时间是相等的，由此得出时间是：

$$\frac{1}{20} \div \frac{20}{60} = 0.15s$$

也就是说雨滴降落 0.4 米的距离用了 0.15 秒钟的时间，得出速度为：

$$0.4 \div 0.15 \approx 2.6 m/s$$

用相近的办法还可以测出枪弹射出的速度。

我们可以测量一下 1 平方厘米的吸纸可以吸多少毫克的水，然后根据雨滴落在吸纸上的痕迹大小来计算雨滴的重量。

雨滴下落的速度和重量的关系如下表：

雨滴重量	毫克	0.03	0.05	0.07	0.1	0.25	3	12.4	20
半径	毫米	0.2	0.23	0.26	0.29	0.39	0.9	1.4	1.7
落下速度	米／秒	1.7	2	2.3	2.6	3.3	5.6	6.9	7.1

冰雹的速度比雨滴下落的快。原因不是冰雹的密度要比水滴大，实际的情况是比雨滴的密度要小，主要是冰雹的体积比雨滴大。但是在接近地面的时候冰雹的降落速度也是匀速不变的。

比这还奇特的是，我们把直径约 1.5 厘米的小铅球当做榴散霰弹在飞机上在高空投下来，它们到达地面的速度也是缓慢均匀的；所以它们可以说连软毡帽都击穿不了，是非常安全的。但是如果换做是铁"箭"，那么它就可以把人的身体穿透，是件非常可怕的武器。这是因为相对于铅球，铁箭的质量如果被平分到 1 平方厘米上那是非常巨大；这就像是炮手们说过的话，因为箭不容易被空气阻挡，所以它的界面负载要比子弹大很多。

9.7 物体下落的问题

人们日常生活中习以为常的看法，很多时候与科学观点相悖，举例说明，我们常见的物体下落现象就很好。体重小的物体一定没有体重大的物体下落得快，这一定是不懂力学人的看法。人们在 17 世纪之前的很多的世纪里，都一直对这个亚里士多德提出的看法存有异议，但是最终被现代物理学的奠基人伽利略证明了它的谬误。伽利略也是位自然科学家，曾经做过普及工作者，他的思想方法非常精明："我们甚至不用做实验就可以证实，这种认为同一物质构成的物体，重的下落速度要比轻的快的观点是站不住脚的。只需简洁而又可以说服人的推论就能说明白这一切。如果我们把两个自然速度不等的下落物体连接起来，很明显，下落速度慢的物体运动一定会被加快，而另一物体的运动会被减缓。事实如果真的如此，再让我们举个例子：我们假设一块大石头的运动速度是 8 度（假设的单位），小石头是 4 度。然后把两个石头连接为一体，之后得到的速度一定比 8 度小。但是事实是结合后的速度要比 8 度大很多。也就是说最后结合的物体运动的速度要比开始时小石头的速度小，这和开始我们的假设自相矛盾。瞧，由重的物体运动速度比轻的物体快这一观点，我们可以推出的结果是，较重的物体运动的并不快。

现在我们都非常清楚了，在真空中所有物体的下落速度是一样的，但是假如有了空气阻力的存在，它们下落的速度就会产生差别。但是，我们的疑问又冒出来了：物体的大小和体型决定了空气对运动的阻力大小；所以即使是重量不等，但是大小和体型一致的两个物体的下落速度应当是相同的——因为它们在真空中有着相同的速度，所以被空气阻碍降低的速度也是相同的。也就是说，两个直径相同的铁球和木球，它们下落的速度应当是一样的。很明显这个结论是不符合实际情况的。

那么，这个理论和实践不一致的地方如何解释呢？

打开我们的思维，第一章内讲过的风洞就可以帮我们解决问题。把直径一样的木球和铁球悬挂在风洞里，然后在风洞的下端开始吹风。也就是说，物体在空气中下落的现象被我们颠倒了一下。在下面风的吹动下，哪一个球的速度更快呢？很明显，风吹的作用力是大小一样的，对两个球产生的加速度是有区别的——根据公式 $F=ma$ 可以得出木球的加速度较大。把这应用到实践里，就是铁球在下落过程中会落在木球的前面，也就是说，铁球的下落速度要比木球快。顺带说一句，前一段说过的炮手对炮弹截面负载的重视原因——在空气阻力下，1 平方厘米面积上分配到的炮弹的质量。

还有一个例子，在山顶向下面丢石块的游戏，不知道你玩过没有？你此时一定注意到了，小石块大多没有大石块飞得远。解释这个现象很简单：对大小石块在飞行途中遇到的各种阻碍是基本一样的，但是大石块的动能比较大，对小石块起作用的阻碍对大石块来说，可能就会被克服。

在计算人造地球卫星的寿命长短的时候，截面负载的大小是很值得我们重视的。在其他条件都相同的情况下，人造地球卫星如果想要在轨道上维持长久运行，它的每一平方厘米截面积负载的质量越大，它的运动受空气阻力的作用就越小。

进入轨道后的人造地球卫星，会和运载火箭最后一级脱离。我们所有人都明白，绕地球飞行的人造地球卫星就是这火箭的最后一节。有一点必须引起注意，虽然装满各种仪器的容器和最后一节运载火箭开始的运行轨道基本一致，但是它的飞行时间要比火箭的最后一节长久。这主要是因为燃料在送卫星上天的过程中已经用完的火箭，它的截面负载比装有仪器的容器小。

飞行中的人造卫星，它的截面负载是不断变化的，因为人造卫星不断地变换飞行姿势，和前进方向垂直的截面面积也是不断变化的。要想截面负载保持不变，除非使用球型的卫星。所以通过观测球型卫星的运动是可以很好地研究高空中的空气密度的。

 9.8 顺着流水下落

大多数人都会这样认为，一艘小艇如果既没有帆也没有人划桨，那么它淌下去的速度就是水流的速度。这其实是不正确的，小艇的运动速度要比水流快，这个速度会随着重量的增加而加快。这一点似乎有些学物理的人都不知道，但是技术熟练的筏木工人都非常清楚这个事实。

让我们进一步详尽地研究一下这个令人惊奇的现象。顺着水流淌下的小艇速度如何会超过水流的速度呢？乍一看好像不可理解。可是必须一提的是，河水拖运小艇的情形必须区别于载运机器部件的情形。河水的水面本就是不平整的，这个倾斜的表面可以使物体不由自主的向下加速滑动；但是由于有河床的阻碍作用，水却做着匀速运动。很明显，有一个瞬间是无法避免地到来，水流的速度被加速下滑的小艇超过了，此后小艇的运动反而会受到河水的阻碍作用，就像物体在空气中下落总要受到空气的阻力一样。最终的结果是物体会以最终取得的速度匀速运动下去，至于原因和在空气中的是一样的。物体越重，它在水中漂流时，这个最终的速度就会来得越晚，速度值也会越大；反之，重量轻

的物体最终的速度就会越小。

因此，比小艇重量轻很多的桨如果落入水中，和小艇一起向下滑落，它一定会被小艇抛在后面。两者的速度虽说都要比水流速度大，但是重量大的小艇速度又比桨的大。这就是事实，两者在急流中的差距更明显。

我们可以引用一位旅行家曾说过的很有意思的话，它可以让我们对上面说的各点认识得更加清晰。

阿尔泰山区的旅行我曾经参加过一次，这次旅行一共用了五天时间，那就是要乘木筏在比雅河的发源地捷列茨科耶湖出发，顺流而下去比斯克城。有的人认为木筏上的人数过多，所以在出发前就向木筏工人提了意见。

老大爷回答说道："没关系，这比人少了要好，速度快。"

我们都惊讶极了，"我们没有听错吧，我们的速度应当和水流的速度一样吧？"

"没错的，水流没有我们快，而且是重量越大，速度越高。"

我们都十分的怀疑。老大爷叫我们做个实验，等木筏开动以后丢一些树叶到河面上——结果真的是那样，树叶迅速的被我们甩到了后面去了。

就在坐木筏顺流而下的旅行里，老大爷的说法被证实了，非常直观的实验证明了这一点。

我们在一个地方驶入了旋涡。经过很多个盘旋我们才重新驶了出来。一个木锤在刚进旋涡时掉下了木筏，它很快飘走了，——飘到了旋涡以外。

老大爷说道："没关系，我们比它重，一定可以再追上它。"

在旋涡里我们盘旋了好久，但是最后还是证实了大爷说的话是对的。

我们还在一个地方发现了一个比我们轻的木筏，（它没有载客），它很快就被我们追上然后又被超过了。

9.9 船只如何被舵操控

一艘正在行驶的体型巨大的船只，竟然可以被一个小小的舵操控，这是我们每个人都知道的事情。为什么会发生这样的事情？

如图9-7所示，沿着箭头所指的运动方向，一艘被发动机推动的船只正在急速行驶。对船和水的相对运动进行研究，如果假定船是静止的，那么水就正在沿箭头的反方向进行运动。此时水压在舵 A 上的作用力 P，船只就会在这个力 P 的作用下绕重心 C 转动。这个舵的作用显著与否，完全取决于水和船的相对速度——相对速度越大，舵的作用就越显著。也就是说要使舵的作用消失，只要使水和船相对静止就可以了。

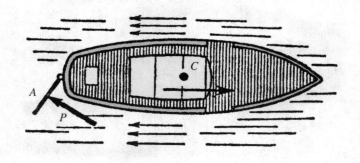

图 9-7 发动机推动的船只，舵在船尾

伏尔加河上的大平底船是没有动力的，它是顺流飘下来的，接下来让我们说明对它进行操控的巧妙办法。它的船尾有一条长长的锁链，一头拴在船尾，一头吊有重物，船舵安装在了船头（如图9-8），当遇有转弯的情况时，就把重物抛入河里。之后在重物的拖动下，我们就可以操控大船了。这是怎么回事呢？因为大平底船装满木材后行驶速度较慢，此时没有水流速度快，也就是说

150

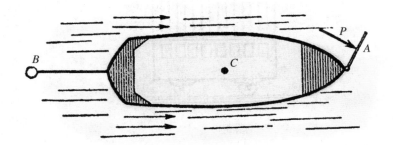

图 9-8 船的速度没有水流大的时候，舵安装在船头

水流作用于船的方向就是船前进的方向，这和在发动机的推动下船速高于水流速度的情况正好相反，所以此时要使舵在水流的压力作用下操控船只，就必须把舵安装在船头，不可以在安装在船尾。这是劳动人民想出的巧妙的设计。

9.10 什么情况下会被雨水淋得更透

在本章内，我们讨论的很多问题都和雨滴落下有关系。所以在本章结束的时候，我再一次向读者提出一个和雨滴落下有关的力学题目，虽然这个题目和本章的内容没有直接的关系。

假设雨水是竖直落下来的，问在相同的时间里，我们走着和站着不动两种情形，哪一种情形下我们的帽子会被淋得更透？

为了方便解答，我们可以换一种说法：

竖直下落的雨中，在一秒钟的时间里，车辆行驶着和静止着两种情况，哪一种情况车顶上的雨水多？

这个题目被我们以两种形式讲述给了很多对力学进行研究的人们，最后答案的结果是各种各样的。为了表示对帽子的珍惜，一部分人认为在雨里站着不

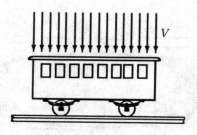

图 9-9 竖直落到车顶的雨水

动是最好的选择，另一部分人不这样认为，他们以为快速的奔跑是最好的选择。

到底哪一个答案是正确的呢？

让我们对淋在雨中的车顶进行研究。

在车辆静止的时候，一秒钟里落到车顶上的雨水形状，是以车顶为底面，雨水的速度为高的竖直棱柱（图 9-9）。

车在运动时顶上的雨水是不容易计算的。我们可以把这个问题换个角度想：我们把在地面上以速度 C 行驶的车辆当成是静止不动的，地面相对地正在以速度 C 向反方向运动着。此时雨滴相对于地面是竖直下落的，相对于静止的汽车是在进行着两种运动：沿竖直方向的速度 V 和水平方向的速度 C 运动。两个速度的合成结果是速度 V_1，它和车顶是有一定角度的；也就是说雨水好像倾斜着落在车顶似的（图 9-10）。

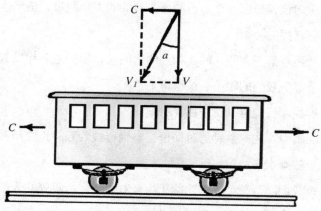

图 9-10 运动车辆雨水的降落速度

152

现在很清楚了，运动的车顶一秒钟里下落的雨水，都被包括在一个以车顶为底面倾斜的棱柱里，如图 9—11 所示，棱形的侧边和竖直方向的夹角为 a，长度是 V_1。

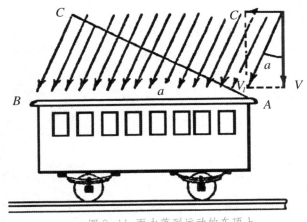

图 9—11 雨水落到运动的车顶上

则棱形的高为：

$$V=V_1 \cos a$$

比较两个棱柱的大小，就得出了竖直下落和倾斜下落的雨水多少。它们的底相同，都是车顶，高也相等，所以大小相等。车静止和运动两种情况下，车顶被淋的雨水量是相等的。所以，半个小时内不管你是站着不动还是跑着不停，帽子的湿透程度是没有分别的。

第 10 章

生命环境中的力学

10.1 格列佛里的巨人

身高是普通人的 12 倍，是《格列佛游记》中大人国里的巨人体型，他们的力量也应当是平常人的 12 倍，这一定会是你读到此处的想法。斯威夫特（《游记》的作者）就是这么想的，巨人都被他写得强壮无比。可是这种想法是违背力学原理的，是不正确的。要证明这些巨人的体能不会比普通人强壮到 12 倍，而是相反的减弱相应的倍数，是一件很容易的事情。

假定巨人和格列佛并排站立。两人一同向上举起自己的右手。又两个人的手臂重量分别是：巨人 P，格列佛 p。两人的手臂重心分别被举高到：巨人 H，格列佛 h。也就是说，两个人做的功分别是巨人 PH，格列佛 ph。PH 和 ph 之间的关系让我们现在计算一下。巨人和格列佛两人的手臂重量比和两人的身体体积比应当是相同的，都是 $12^3 : 1$。还知道 H 和 h 的比是 $12 : 1$。所以：

$$P = 12^3 \times p$$

$$H = 12 \times h$$

得出：

$$PH = 12^4 \times ph$$

由此可知，巨人举起手臂做的功相当于普通人的 12^4 倍。如此悬殊的工作能力，我们的巨人是不是可以完成的了呢？我们来对比一下两个人的肌肉力量，然后看一段有关生理教程的文字：[1]

"对于平行纤维的肌肉来说，纤维的长度与举重时所达到的高度有关，纤维的数量与所能举起的重量有关，因为举重时重量会分布在每条纤维上。相对

---

[1] 注解：福斯特的《生理学教程》

于两种长度和质地都相同的肌肉来说，截面积较大的肌肉做的功更大。当两条肌肉截面积相等时，长度越大做功越多。如果两条肌肉的长度和截面积都不相同时，其中较大立方单位的那条，也就是体积较大的那条做的功更多。"

把这段话与上面所说的情况联系起来，我们可以得出：与格列佛相比，巨人所做的功是格列佛的 12^3，这说的是两个人肌肉体积的比产生的结果。

设格列佛的工作能力为 w，巨人的工作能力为 W，则可以得出公式：

$$W=12^3w$$

这就是说，虽然巨人的工作能力是格列佛的 12^3 倍，但是他举起手时所做的功是格列佛的 12^4 倍。很明显，巨人在举手的时候所克服的困难是格列佛的 12 倍，也就是说，对于举手这一动作，格列佛比巨人强 12 倍。因此我们得出，要战胜一个巨人我们并不需要 1728 个（12^3 个人） 正常人一起努力，我们只需要一个 144 人的团队就可以了。

如果要让巨人像常人一样行动灵活自如，斯威夫特就一定要让巨人的肌肉体积是常人的肌肉体积的 12 倍，这是我们按比例计算出的倍数。当然，如果这样的话，巨人的肌肉粗细度应该是常人的 $\sqrt{12}$ 倍，相当于 3.5 倍，这也是之前计算的结果。斯威夫特应该想到，如果要支撑一个体积如此庞大的巨人，就需要更粗的骨骼，这样的巨人几乎接近河马的重量和笨拙程度了。

10.2 笨拙迟缓的河马

从上节中我们很容易联想到河马，因为河马的身躯同样庞大而笨重。自然界中从未存在过行动灵活却身躯庞大的生物。让我们来比较一下身长 15 厘米的旅鼠和身长 4 米的河马，我们知道，这两种动物的外形虽然相似，但是体型相似的两种动物，其身体大小不同，灵活性也不会相同。

如果河马的肌肉和旅鼠的肌肉外形相近，则河马的灵活性要比旅鼠小，可以具体地表示为：

$$\frac{15}{400} \approx \frac{1}{27}$$

当河马的肌肉体积是旅鼠的 27 倍时，也就是说河马的肌肉粗细程度大约是旅鼠的 5 倍，即 $\sqrt{27}$ 倍时，河马的行动才会跟小旅鼠的行动一样灵活。

当然，这是在河马的骨骼必须加粗的情况下才能实现的。因此我们也一定明白河马为什么笨重粗大的原因了。如图 10-1 所示，同一尺寸下的两种动物的骨骼外形更加直观地表明了上述观点。

图 10-1 河马的骨骼与小旅鼠的骨骼的比较。图中河马骨骼的长度缩小到与小旅鼠骨骼的尺寸相同。由图我们可以看出河马的骨骼粗大到不成比例

我们看一下下面的表格：

哺乳类	骨骼重 %	鸟类	骨骼重 %
地鼠	8	戴菊鸟	7
家鼠	8.5	家鸡	12
家兔	9	鹅	13.5
猫	11.5		
狗（中等大小的）	14		
人	18		

10.3 陆地生物的构造

陆地上许多生物构造的特点都可以用某个简单的力学定律来解释，我们来阐释一下：

假设动物四肢的工作能力为 u，动物四肢的长度为 h，则 u 与 h^3 成比例。假设动物用来控制四肢所做的功为 w，则 w 与 h^4 成比例。所以我们得出，当动物身躯越庞大时，它的脚、翼和触角（即四肢）也就越短。陆地生物中有着长长的四肢的生物，其身材都相对极小。比如长脚的盲蜘蛛就是一个典型的例子。力学定律允许其他动物有着盲蜘蛛一样的外形，但是也要求它们必须身躯很小。如果某动物的身躯与狐狸的身躯相似，那么它绝对不可能有着盲蜘蛛一样的外形，因为它必须有能够支撑身体的四肢，这样才不会失去行动功能。当然，海洋里的动物比较例外，因为它们的体重可以在水的浮力作用下平衡，因此它们具备了身材较小四肢也会很长的可能性。很明显，深水蟹就有着 3 米长的脚和半米长的身体。

这个定律也体现在某些动物的发育过程中。动物胎儿时期的四肢较长，但是发育成熟后的四肢就比较短。因为身体的发育超过四肢的发育，所以肌肉与动物运动时所需要的功才有对应的关系。

伽利略就是从研究这些有趣的问题开始的，他的《关于两个科学新领域的谈话》一书奠定了力学的基础。伽利略在书中谈到动物、植物、巨人和水生物的庞大身躯及其身躯大小之间的问题。本章末尾还会再次谈到相关问题。

10.4 巨兽为什么注定要灭绝

　　动物身躯的尺寸总在力学定律规定的界限之内，因此要想使某动物具有庞大的身躯，增加它的绝对力量，就必须以降低它的灵活性为代价，或者会使它的骨骼与肌肉之间明显地不成比例，这些变化都会影响动物觅食时的状况，使它们处于不利境地。这变化不但使它们寻找食物的能力降低了，更重要的是会使它们对食物的需求量增加，这不利于动物的生存。当动物的身躯变化超出一定大小，它们获取食物的能力将会低于对食物的需要量，这会使动物的灭绝不可避免。

　　如图 10-2 所示，很多古老的物种，因身躯巨大而灭绝，这些大家众所周知的。自然界中，只有少数巨兽物种在变迁中存留到我们这个时代。在巨大的动物中，比如巨大的爬行动物中，很多种类的生存能力都不强。深究远古动物的灭绝原因，之前所说的的力学定律是重要原因之一。当然，我们不应该把鲸

图 10-2 把古代的巨兽移到现代都市的街道上

包括在内，因为它的家在水里，水施加给它的浮力与它的体重刚好平衡。所以对把家安在水里的它来说，上述规律并不适用。

基于上述规律我们会有疑问：既然动物的巨大身躯对它们的生存构成不利因素，那么它们为何没有逐渐进化为身躯较小的动物呢？这是因为，虽然身躯矮小的动物比身躯庞大的动物更具有生存优势，但毕竟巨大的身躯要比矮小的身躯更有力量。在《格列佛游记》中，尽管在举手的时候，格列佛要比巨人轻松 12 倍，但是他举起的重量却比巨人小 1728 倍。将 1728 分成 12 份是巨人肌肉所能承担的重量，与格列佛所能承受的重量相比，该数量仍然是格列佛的 144 倍。所以当大小动物竞争的时候，巨大的动物所占的优势远远大于小动物。可惜的是，在巨大的动物虽然在竞争中占有优势，但在获取食物方面却处在相对困难的境地。

10.5 跳得更高的是哪一个？

很多人都非常吃惊，跳蚤跳的高度居然是自己身高的 100 多倍，可以达到 40 厘米，不时地有这样的看法被人们提出来，人要想和跳蚤一较高下，就必须要跳到自己身高的 100 倍，也就是 1.7 米 ×100=170 米的高度才行（图 10−3）。

人类的面子被力学计算给挽回了。考虑到计算方便，我们可以假定跳蚤的身体和人的身体接近一致。如果跳蚤的体重是 p 千克，它每次跳 h 米高做出的功就是 ph 千克米。而人的体重是 P 千克，他每次跳到 H 米（确切的说法是重心升起的高度）做出的功则是 PH 公斤米。人的身长和跳蚤相比相当于它的 300 倍，所以人的重量相当于 $300^3 p$，那么人做的功相当于 $300^3 pH$ 千克米。和跳蚤做的功相比，大约是它的 $\dfrac{300^3 pH}{ph} = 300^3 \dfrac{H}{h}$ 倍。我们的做功能力大约是跳蚤的 300^3 倍。我们只愿意付出跳蚤功的 300^3 倍，这是我们的权利。可是根

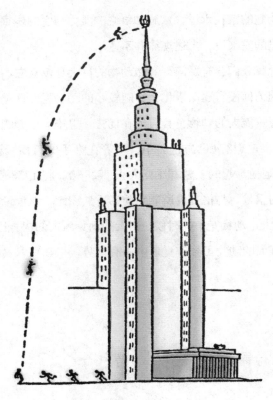

图 10-3 和跳骚的跳高比较

据 $\dfrac{\text{人的做功}}{\text{跳蚤的做功}}=300^3$，就可以推论出：

$$300^3 \times \dfrac{H}{h}=300^3$$

得出：

$$H=h$$

所以人只要把自己的重心升高到 40 厘米，和跳蚤跳起的高度相同，那么人在跳跃本领上就可以和跳蚤一较高下了。要跳到 40 厘米的高度，我们可以不费吹灰之力，所以，就跳跃本领而言，我们还是要比跳蚤强很多的。

假如你不认为我们的计算具有说服力，还有另外重要的一点，跳蚤只是把自己微不足道的重量提升了 40 厘米。但是人提升的重量是跳蚤的 300^3 倍也就是 27 000 000 倍。换句话说，我们一个人跳跃提升的重量相当于 2700 万只跳

蚤一同跳起的重量。只有用 2700 万的跳蚤共同跳跃才可以拿来和一个人的跳跃进行比较。人跳起的高度远不止 40 厘米，在此时的比较中一定会占尽上风。

此刻，我们应当明白这个道理了——动物的体型越小，跳跃的相对值就越大。各种动物的跳跃机能也就是它们的后肢构造如果相同，那么用它们的跳跃距离和它们的身体大小进行比较，结果就会得出下面的数字：

> 蚱蜢的跳跃距离是自己体型的 30 倍；
>
> 跳鼠的跳跃距离是自己体型的 15 倍；
>
> 鼠跳跃的距离是自己体型的 5 倍。

10.6 最能飞行的是哪一个？

假如对各种动物飞的技能进行全面的比较，我们一定不要忘记：翅膀的相互拍打是为了克服空气阻力；在翅膀的拍打频率相同时，空气阻力的大小和翅膀面积的大小有关。当动物体型加大的时候，翅膀的面积和身体长度的二次方成正比，至于它们提升的重量也就是自身体重和长度的三次方成正比。所以动物的体型加大，它的翅膀每平方厘米的负载就会加大。《格列佛游记》中提到的大人国里的巨鹰的翅膀，每一平方厘米的负载是普通鹰的 12 倍，它的能力其实并不高，还比不上小人国里负载是普通鹰 $\frac{1}{12}$ 的鹰呢。

回到现实中的动物身上，下面的表格列出的是几种动物的体重，和它们的翅膀每平方厘米所承受的负载数据：

昆虫类

蜻蜓的体重是 0.9 克，翅膀每平方厘米的负载是 0.04 克；

蚕蛾的体重是 2 克，翅膀每平方厘米的负载是 0.1 克。

飞鸟类

岸燕的体重是 20 克，翅膀每平方厘米的负载是 0.14 克；

鹰的体重是 260 克，翅膀每平方厘米的负载是 0.38 克；

秃鹫的体重是 5000 克，翅膀每平方厘米的负载是 0.63 克。

由上表中的数据可以知道，翅膀每平方厘米的负载随着体重的增加而增大。不难看出，鸟类如果想要用自己的翅膀在空中飞行，那么它的身体增大就一定要维持在一个限度之内。鸟儿由于体型的增大而失掉了飞行的能力，是自然发展的必然结果。例如食火鸡的体型有一人高，鸵鸟的体型有 2.5 米，还有体型更大的、17 世纪初叶生存在地球上的马达加斯加地方的隆鸟（现在已经灭绝了）等，这些鸟类世界的巨人们（图 10-4）都不会飞。可是它们的远祖在身材不大的时候是可以飞行的，飞行的技能丧失的原因就是因为体型过快增大和练习不到位等。

图 10-4 和普通的鸡相比较，鸵鸟和已灭绝的马达加斯加地方的隆鸟骨骼

10.7 落地后的毫无损伤

昆虫类可以在我们不敢跳下的高度上落下来而毫发无伤。为了躲避追赶，一些昆虫经常从在极高的树枝上跳落到地面上而不被摔伤。我们该如何解释这个现象呢？

当撞击到障碍物的时候，体积小的物体各个部分就会立刻终止运动；所以一部分被另一部分压迫的事情就不会发生。体积大的物体落地的时候发生的情形就不一样了：它身体上面的部分在发生撞击后不会像下面的部分一样可以终止运动，而是由于惯性仍然保持运动，这就会对下面的部分产生巨大的压力。这个震动就会使体型巨大的动物身体受到伤害。

假如在一棵树上散落下 1728 个小人国的小人，那么他们的伤害都不会很大；可是成堆的落下这 1728 个小人，那么下面的小人就会被上面的压坏。把这 1728 个小人合并在一起正好是一个正常体型的人。除此之外，还有另外的一个原因用来解释伤害不到高处落下来的小动物——它们各个部分相对较大的挠性。在力的作用下，杆子或板子越是轻薄，就越是容易弯曲。和体型巨大的哺乳类动物进行比较，昆虫类的身长只有它们的几百分之一，所以，根据弹性公式我们可以知道：在受到撞击的时候，昆虫类的身体弯曲程度要比哺乳类动物大几百倍。我们还知道，发生撞击作用的距离越长，它的破坏程度就会以相应地减弱。

10.8 树木长高不到天顶的原因

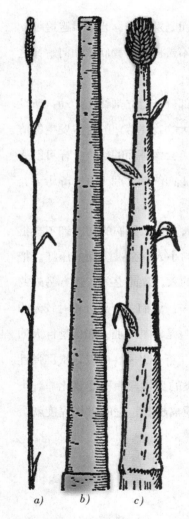

图 10-5 *a* 表示黑麦秆；*b* 表示烟囱；*c* 想象中的高 140 米的麦秆

"树木高不到天顶，这是大自然对我们的关爱！"是德国的一句俗语。大自然如何做到这个关心呢？下面让我们分析一下。

假定有这样一棵树干，它可以好好地托起自身的重量，假如它的体型（长度和直径）被扩大到 100 倍。那么它的体积和重量就会增加到 100^3 倍，也就是 1 000 000 倍。它的截面积扩大到 100^2 倍也就是 10 000 倍。因为截面积和抗压力是成正比的，所以扩大后的每平方厘米截面积的负载是原来的 100 倍。很明显，在树的几何形状保持和原来相似的情况下，树干如果扩大到 100 倍，这棵树就会被自己的重量压坏。除非发生树干上端越来越细的变化，就像是等抗力杆的形状。只有树木的粗细和高度的比高于普通的树木时，它才可以完整地保持住自己高大的体型。当然跟着一起增长的还有树木的重量，以及树木下端所承受的负载。所以，大树如果超出了自己的极限高度就会被自己的重量压坏。树木长高不到天顶的说法就是这个道理。

我们都对麦秆超乎寻常的强度感到非常吃惊，就拿黑麦举例来说，高 1.5 米的麦秆

166

粗细只有 3 毫米。就建筑技术来说，高度 140 米平均粗细 5.5 米的烟筒是最高最细的建筑物。它的高度和直径的比是 26：1，可是黑麦秆的比值居然是 500：1。就此得出人类的技术产物远远比不上大自然的产物这样的结论是不正确的。由于计算非常复杂，我们就不在一一列出来了，但是结果是：大自然如果造一个和黑麦秆同样强度高 140 米的管子，它的直径也要 3 米左右，这其实和人类技术做到的结果是一样的（图 10-5）。

经过很多的事实证明，我们可以很容易的看出来，如果植物的高度增加，那么它的粗细就要不成比例地增加。例如：高 1.5 米的黑麦秆，相当于自身粗细的 500 倍；高 30 米的竹竿，是 130 倍；高 40 米的松树是 42 倍；高 130 米的桉树是 28 倍。

10.9 伽利略著作摘录

伽利略的《关于两个科学新领域的谈话》一书中有这样一段话，让我们在本章的最后一节将其摘录于下——

萨尔维阿蒂：大自然或者人类技术，都无法不受限制地增加他们造物的尺寸，这一点我们都了然于心。比如人类，在建造船只、宫殿和庙宇等的时候，想要使他们的船桨、桅杆、梁和铁箍绝对牢固地作用于一体，又想把船只、宫殿和庙宇建造的特别巨大，这根本无法实现。另外，如果大自然想要造出巨大的树木，又想避免枝桠在其本身的重量作用下断裂，这也是不可能的。当然，我们也不必设想，人、马、或其他动物既有巨大的骨骼，又能使骨骼发挥其应有的作用，这根本不可能。当动物的骨骼更加坚韧和结实的时候，或者它们的骨骼变得更加粗壮的时候，它们才可能拥有更大的身躯。但在这种情况下，人们会觉得动物们看起来会更加粗壮而肥胖。阿里奥斯托是一个敏锐的诗人，他

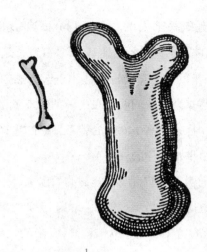

图 10-6 小骨头的长度是大骨头的 $\frac{1}{3}$，大骨头只有增加直径，支撑起大型身体的重量，就像小骨头支撑小身体的重量一样稳固。

在《疯狂的罗兰》一书中有这样一段关于巨人的话：

他看起来很像怪物，因为它高大的身材必须有更粗壮的四肢来支撑。

图 10-6，可以作为上述内容的例证。我们看，图中小骨头的长度是大骨头的 $\frac{1}{3}$，'但是它可以稳固支撑小型动物，如果要用它来支撑大型动物，就必须使它的直径增加很多倍。你看，旁边的大骨头实在是很粗大。因此，如果想保持巨人身体的强度，又想让巨人身上的四肢比例与常人相同，就必须用一种更坚实更方便的物质构成巨人的骨骼。在没有这种物质的情况下，如果将其身体尺寸无限地增大，那么它的身体最终会被它本身的重量压倒。我们会看到，当身体尺寸减小后，其强度并不是成比例地减小，相对于现在较小的强度来说，反而有所增加。例如：一只狗能背得动与它类似体积的两只或三只狗，但是一匹马却未必能驮起一匹与其体积相似的马。

辛普利丘：对于你所说的内容的正确性，我有充分地证据表示怀疑，比如鲸鱼就有庞大的身躯，它的身躯等于 10 头大象，但是我清楚地记得，它的身体依然被它的骨骼完好地支撑着。

阿尔维阿蒂：对于您的意见，辛普利丘先生，我想您刚才忽略了一个条件，如果说巨大的动物既具有小动物的灵活性，又要生存下去，这是一个必要条件：相对于增加身体连接部分的粗细和强度，以及用来支撑身体其他部分重量的骨骼来说，通过改变骨骼比例来减轻骨骼的重量，以及减轻被骨骼身体各部分支撑的重量才是更好的方法。自然界就是用这一方法，使鱼类的骨骼或者身体完全失去重量，或者只有很轻的重量，因此，鱼类能很好地生存。

辛普利丘：萨尔维阿蒂先生，我想我明白您的意思了，你的意思是，因为鱼类的家在水里，因此它们的重量和水的浮力相互抵消构成了平衡对吧。所以鱼类在水里的生存并不需要骨骼的支撑就可以。但是鱼类的骨骼毕竟是有重量的吧，即便鱼类的骨骼不用承担支撑身体的任务，所以我不觉得您的解释能完全说明问题。没有人证明粗大的骨骼没有重量，也没有人证明鲸鱼会一直在水面或水中停留而不沉入海底。如果您的理论成立，那么鲸鱼就没有存在的可能了。

萨尔维阿蒂：为了进一步驳斥你的论据，请你首先回答我的一个问题：在平静的死水里停着一条静止不动的鱼，它既没有下沉，也没有浮起，不知你是否见过？

辛普利丘：这个现象是大家都知道的。

阿尔维阿蒂：鱼类能够静止不动地停留在水里，表明鱼类的躯体的比重和水是一样的，这难道不是一个反驳的证据吗？由此刻平衡的结果就一定可以得出这样推论，除去鱼身体里那些比水重的部分，其余的部分一定是比水轻的。我们知道比水重的是鱼骨，那么比水轻的一定是鱼肉或别的器官，鱼骨的重量正是被这些轻的部分剥夺了。所以和刚刚谈到的陆生动物的情况相比，水中生长的是完全相反的情况：陆生动物的骨头和肌肉的重量是由骨头支撑的，而水生的则是由肌肉支撑骨头和肌肉的重量。所以体型巨大的动物无法生存在陆地上面，而能够生存在水里面，没有什么值得奇怪的地方。

沙格列陀：对于辛普利丘先生的议论我非常喜爱，对于他的提问和有关提问的解答我都非常喜爱。在这个问答中我得出结论，一条这样的大鱼假如被拖到岸上，很快它就会支撑不住的，它的整个身躯会随着骨头之间联系的断裂而垮掉。